ifaa-Edition

Die ifaa-Taschenbuchreihe behandelt Themen der Arbeitswissenschaft und Betriebsorganisation mit hoher Aktualität und betrieblicher Relevanz. Sie präsentiert praxisgerechte Handlungshilfen, Tools sowie richtungsweisende Studien, gerade auch für kleine und mittelständische Unternehmen. Die ifaa-Bücher richten sich an Fach- und Führungskräfte in Unternehmen, Arbeitgeberverbände der Metall- und Elektroindustrie und Wissenschaftler.

Weitere Bände in dieser Reihe
http://www.springer.com/series/13343

Institut für angewandte Arbeitswissenschaft e. V.
(Hrsg.)

Lernen von den Weltbesten

Exzellente Unternehmen in Japan und China

Herausgeber
Institut für angewandte Arbeitswissenschaft e. V.
Düsseldorf
Deutschland

ISSN 2364-6896 ISSN 2364-690X (electronic)
ifaa-Edition
ISBN 978-3-662-46095-5 ISBN 978-3-662-46096-2 (eBook)
DOI 10.1007/978-3-662-46096-2

Die Deutsche Nationalbibliothek verzeichnet diese Publikation in der Deutschen Nationalbibliografie; detaillierte bibliografische Daten sind im Internet über http://dnb.d-nb.de abrufbar.

Springer Vieweg

Gedruckt auf säurefreiem und chlorfrei gebleichtem Papier

Springer-Verlag Berlin Heidelberg ist Teil der Fachverlagsgruppe Springer Science+Business Media (www.springer.com)

Vorwort Peer Michael Dick

Südwestmetall-Verband der Metall- und Elektroindustrie Baden-Württemberg, Stuttgart

Dieses Buch ist auf Initiative des Verbandes der Metall- und Elektroindustrie Baden-Württemberg Südwestmetall – dem Initiator der in diesem Buch beschriebenen Studienreisen nach Japan und China – in Zusammenarbeit mit dem Institut für angewandte Arbeitswissenschaft e. V., der Fa. Aims Japan Ltd., Tokio, dem hauptverantwortlichen Organisator aller bisherigen Reisen, und auf Basis der Rückmeldungen und Erfahrungen der Teilnehmer entstanden.

In Deutschland, ein Industriestandort geprägt durch vorwiegend mittelständische Unternehmensstrukturen, trägt die industrielle Wertschöpfung ganz wesentlich zum nationalen Wohlstand und zur internationalen Wettbewerbsfähigkeit bei. Die letzten Jahre haben gezeigt, dass Länder mit einem hohen Anteil an Produktionsarbeit sich trotz der globalen Herausforderungen und Krisen, insbesondere durch die Billiglohnländer, gut behaupten konnten.

Gerade in den Hochlohnländern Deutschland und Japan ist der Anteil an Produktionsarbeit noch recht hoch, jedoch ist dieser gleichfalls rückläufig. Diese Entwicklung zu stoppen und umzukehren, erfordert höchst effiziente Arbeitsstrukturen nicht nur in der Produktion, sondern in allen Unternehmensbereichen. Die permanente Steigerung der Produktivität bzw. der Wertschöpfung, nicht nur in der Produktion, sondern über alle Funktionen eines Unternehmens hinweg, ist aufgrund der hohen individuellen Erwartungen der Kunden, der erforderlichen Flexibilität, des hohen Kostendruckes und vor dem Hintergrund des internationalen Wettbewerbs, zwingend erforderlich.

Innovative Unternehmenssysteme leisten heute sowohl in Japan und in China als auch in Deutschland einen wichtigen Beitrag, um Produktionsarbeit am jeweiligen Standort zu sichern. Sie helfen in allen Unternehmensbereichen, die Arbeit strukturierter, effektiver und leichter auszuführen, Verschwendungspotenziale zu minimieren und die Wertschöpfung im Sinne einer konsequenten Kundenorientierung zu steigern.

Auch in der Metall- und Elektroindustrie gibt es inzwischen sehr gute Beispiele für die Umsetzung effizienter und wettbewerbsfähiger Unternehmenssysteme. Einzelne Methoden und Instrumente sind oftmals hervorragend eingeführt. Jedoch gibt es immer wieder Schwierigkeiten solche Veränderungen nachhaltig prozessual anzugehen, auf alle Unternehmensbereiche zu übertragen und im Sinne einer internen Kunden-Lieferantenbeziehung eng miteinander zu verzahnen.

Im Rahmen der Initiative „Sicherung von Produktionsarbeit“ bietet Südwestmetall schon seit Jahren Studienreisen nach Japan und China an, um dort vor Ort in unterschiedlichen Branchen Unternehmenssysteme zu besichtigen, die weltweit als hocheffizient gelten.

Die Unternehmen ermöglichen neben Betriebsbesichtigungen auch Diskussionen mit dem Topmanagement, um aus deren Erfahrungen mit der Umsetzung ganzheitlicher Unternehmenssysteme zu lernen.

Dieses Buch zeigt auf, welche Erfahrungen und Erkenntnisse die Teilnehmer aus den Studienreisen in Japan und China mit nach Hause nehmen und welche Konsequenzen daraus abgeleitet werden können. Es macht deutlich, dass unter bestimmten Voraussetzungen, Produktionsarbeit im Zusammenspiel aller betrieblichen Akteure, auch bei uns in Deutschland Zukunft hat.

In diesem Zusammenhang gilt es, einen Dank an die zahlreichen Firmen in Japan und China auszusprechen, die uns immer wieder mit ihrer großzügigen Gastfreundschaft empfangen. Ebenso gilt den Teilnehmern der Studienreisen ein Dank, die mit ihren Berichten und Erfahrungen zum Gelingen dieses Buches beigetragen haben.

Stuttgart im Mai 2015

Peer-Michael Dick
Hauptgeschäftsführer

Vorwort Prof. Dr.-Ing. Sascha Stowasser

Institut für angewandte Arbeitswissenschaft e. V., Düsseldorf.

> „Verschwendungen müssen beseitigt werden", „Führung vor Ort in der Produktion ist entscheidend" oder „zuerst einmal ordentlich und sauber werden mit der 5S-Methodik"

– das und vieles mehr sind sehr gut gemeinte, richtige Ratschläge und Hinweise in Fachbüchern, Seminaren, Beratergesprächen.

Aber was heißt dies nun für das eigene Unternehmen? Wie setzt man Maßnahmen zur Verbesserung der betrieblichen Prozesse in der täglichen Praxis um?

Hier setzen die Studienreisen von Südwestmetall nach China und Japan an. Pädagogisch höchst wertvoll bleiben den Reisenden Eindrücke erfolgreicher Unternehmen nachhaltig verankert. Diese Impressionen bilden die Grundlage für Verbesserungsprozesse im eigenen Unternehmen. Erfolgreiche Unternehmen spüren und erleben, mit den Managern diskutieren und Erfahrungen austauschen – all dies ist das Erfolgsrezept der Studienreisen von Südwestmetall.

Dieses Buch veranschaulicht Ihnen, was die Teilnehmer in den Reisen erleben und erfahren. Aus erster Hand schildern die Autoren maßgebliche Prinzipien erfolgreicher Unternehmen in China und Japan.

Beglückwünschen möchte ich Südwestmetall für das hervorragende Angebot an die Mitgliedsunternehmen. Der Erkenntniswert von Studienreisen zu Topunternehmen ist für die Teilnehmer unermesslich.

Düsseldorf im Mai 2015

Prof. Dr. Sascha Stowasser
Direktor

Inhaltsverzeichnis

Autorenverzeichnis

Hans-Jürgen Classen Aims Japan Co., Ltd, Tokio, Japan

Jürgen Dörich Südwestmetall, Stuttgart, Deutschland

Ralf Neuhaus Hochschule Fresenius, Düsseldorf, Deutschland

1 Einleitung

Ralf Neuhaus, Jürgen Dörich und Hans-Jürgen Classen

Vor dem Hintergrund des globalen Wettbewerbs macht es Sinn, sich an den weltweit besten Unternehmen zu orientieren. Zum Beispiel gibt es in der Automobilindustrie nur ein Unternehmen, welches durch operative Überlegenheit in der gesamten Wertschöpfungskette einen bedeutsamen strategischen Wettbewerbsvorteil erreicht hat. Es handelt sich um Toyota und die Unternehmensergebnisse der letzten Jahre sprechen für sich. Die Überlegenheit von Toyota ist auch durch Benchmarks in der deutschen Automobilindustrie zur Genüge bestätigt und anerkannt worden. In der Erkenntnis dieser Fakten gibt es in Japan einige wenige Unternehmen, die den organisatorischen Weg Toyotas – unabhängig von Produkt und Unternehmensgröße, ob Einzel- oder Serienfertiger – konsequent und seit vielen Jahren erfolgreich gehen. Mit der Landeskultur hat dies jedoch nichts zu tun, denn wenn das Toyota Management System etwas typisch Japanisches wäre, dann sollte man sich im Umkehrschluss wundern, warum es in Japan so viele Unternehmen gibt, die nur durch politisch motivierte Finanzspritzen am Leben erhalten werden. Viele japanische Unternehmen sind im Allgemeinen das Gegenteil einer lernenden Organisation, weil Fehler und Probleme als Schande gelten und alles versucht wird, sie zu verdecken und zu vertuschen, anstatt sie als Chance zum Verbessern zu begreifen.

R. Neuhaus (✉)
Hochschule Fresenius, Düsseldorf, Deutschland
E-Mail: neuhaus@hs-fresenius.de

J. Dörich
Südwestmetall, Stuttgart, Deutschland
E-Mail: doerich@suedwestmetall.de

H.-J. Classen
Aims Japan Co., Ltd, Tokio, Japan
E-Mail: classen@aimsjapan.co.jp

Institut für angewandte Arbeitswissenschaft e. V. (Hrsg.), *Lernen von den Weltbesten*,
ifaa-Edition, DOI 10.1007/978-3-662-46096-2_1

Das Toyota Management System ist vielmehr eine auf Lernen und Verbessern ausgerichtete Unternehmenskultur, die diese Ergebnisse hervorgebracht hat und die auch, branchenübergreifend angewandt, langfristige und nachhaltige Erfolge mit sich bringen kann. Die vorhandenen Weltklasseunternehmen in Japan sind trotz des dort extrem ungünstigen Kostenniveaus – nicht nur hinsichtlich der Lohnkosten, die Energiekosten und die Baukosten sind die weltweit höchsten – auf allen Märkten konkurrenzfähig, arbeiten profitabel und, besonders wichtig, investieren nach wie vor in Japan. Toyota und seine Zulieferer haben etwas Einzigartiges geschaffen, nämlich eine lernende Organisation und entsprechende Prozesse, die die gesamte Wertschöpfungskette abdecken und sich permanent weiter verbessern.

Ein weiterer Unterschied ist, dass Toyota Schwächen konsequent definiert und systematisch eliminiert, während andere Unternehmen traditionelle Stärken und Schwächen besitzen, die sich aber über Jahrzehnte kaum verändern. Ein gutes Beispiel sind die weltweiten Rückrufaktionen Toyotas der vergangenen Jahre. Sie zeigen, dass selbst Toyota nicht unfehlbar ist und ein Unternehmen entstandene Probleme konstruktiv und effektiv nutzen kann, um die eigene Leistungsfähigkeit weiter zu verbessern. Und dies ohne die sonst üblichen Schuldzuweisungen und theatralischen Entlassungen von Führungskräften. Wie man Schwächen unter gleichzeitigem Ausbau der Stärken eliminiert, kann man in diesen wenigen japanischen Firmen vor Ort sehr gut lernen.

Aufgrund dieser Erkenntnisse und der Notwendigkeit, einmal über den Tellerrand hinauszuschauen, bietet Südwestmetall in Zusammenarbeit mit der Fa. Aims Japan Ltd. in Tokio, neben Arbeitskreisen, Potenzialanalysen in den Unternehmen und Weiterbildungsveranstaltungen u. a. auch für Manager und Betriebsräte, die Durchführung von Studienreisen insbesondere nach Japan und auch inzwischen in Kombination mit einem Abstecher nach China (Abb. 1.1 und Abb. 1.3) an, wobei die Firmenbesichtigungen in Japan im Fokus der Reisen stehen. Die Besichtigungen und Diskussionen mit dem jeweiligen Management dienen den deutschen Managern als Anreiz, erforderliche Veränderungen im eigenen Unternehmen zu erkennen und anzustoßen (vgl. Dörich und Neuhaus 2008). Die Firmenbesichtigungen in China sind derzeit deshalb interessant, da hier mit Unterstützung japanischer Coaches – u. a. ehemalige Toyota Manager – inzwischen Unternehmenssysteme entstehen, die sich mit dem Toyota Management System in Japan messen lassen können.

Während der gesamten Reise erleben die Teilnehmer funktionierende ganzheitliche Unternehmenssysteme in unterschiedlichsten Branchen, Produktfeldern und Unternehmensgrößen, vom Serienproduzent bis zum Einzelfertiger. Nachhaltige Lerneffekte in Bezug auf hocheffiziente Unternehmenssysteme entstehen auch durch die Auseinandersetzung mit ungewohnten Prozessen und anderen Produkten. Gerade die Gemeinsamkeiten in völlig unterschiedlichen Unternehmenssystemen lassen die dahinterstehenden Prinzipien besonders deutlich werden. So kann für einen Hersteller von Elektronikteilen der Besuch bei einem Fertighausproduzenten oder Anlagenbauer sehr aufschlussreich sein und umgekehrt.

Abb. 1.1 Besuch der Fa. Zhejiang Goodsense Forklift (China)

Abb. 1.2 Diskussion mit dem ehemaligen Toyota-Manager Koichi Takenouchi mit der Dolmetscherin Kazuo Kurahara

Abb. 1.3 Diskussion mit dem Werkleiter der Fa. Donghua Chain Group (China)

Es geht hierbei nicht darum, diese Unternehmensmodelle zu kopieren, vielmehr sind sie als Anreize für notwendige Veränderungen im eigenen Unternehmen gedacht. Lean Management und lernende Organisationen sind u. a. Schlagworte dafür. Deutlich wird, dass ein Unternehmen sich aus eigener Kraft, wenn möglich ohne externe Beratung, einen eigenen firmenspezifischen Weg erarbeiten muss. Dieser Weg ist zwar steinig und lang, aber erfahrungsgemäß nachhaltiger. Das Ziel jeder Reise ist es, dies zu vermitteln und am Ende jeder Reise werden die Teilnehmer verstanden haben,

- warum das Toyota-System so erfolgreich ist,
- wie die Erfolgsfaktoren auf die eigene Praxis übertragen werden können,
- welche Rolle das Management und die Mitarbeiter einnehmen müssen,
- wie die eigenen Stärken besser genutzt und Schwächen nachhaltig eliminiert werden können,
- wie KVP innerhalb einer lernenden Organisation konkret durchgeführt wird
- und was zu tun ist, das eigene Unternehmen längerfristig in allen Bereichen an die Wettbewerbsfähigkeit von Toyota heranzuführen.

Innovative und ganzheitliche Unternehmenssysteme leisten heute und auch in Zukunft einen nicht unwesentlichen Beitrag zur Sicherung von Produktionsarbeit in Deutschland.

Die hier zur Anwendung kommenden Methoden und Instrumente helfen dabei, die Arbeit geordneter, strukturierter, effektiver und leichter auszuführen und die Verschwendungsfelder in allen Unternehmensbereichen zu minimieren. Die konsequente Anwendung dieser Elemente eines Unternehmenssystems führt zu einer störungs- und fehlerfreien Produktion sowie zu ruhiger, harmonischer und effizienter Arbeit im gesamten Unternehmen. Die Konzentration auf die permanente Steigerung der Wertschöpfung steht, im Sinne einer stark ausgeprägten Kundenorientierung, im Mittelpunkt aller Aktivitäten.

Es sind nicht die Methoden und Instrumente eines Unternehmenssystems alleine, die den Erfolg ausmachen. Viel wichtiger sind die Unternehmensphilosophie und auch die Vision sowie die Unternehmensziele, die von allen Mitarbeitern verstanden werden und auch gelebt werden müssen. Unsere Erfahrungen mit der Umsetzung von Unternehmenssystemen oder Produktionssystemen und Firmenbesichtigungen zeigen hier deutliche Unterschiede z. B. zu japanischen und zwischenzeitlich auch chinesischen Unternehmen auf. Während bei uns oft das Trainieren von Methoden im Fokus von Veränderungsprozessen steht, stehen bei diesen Firmen in erster Linie das Prozessdenken und das gemeinsame Ziel im Vordergrund. Hier fallen den Führungskräften eine besondere Rolle und Verantwortung zu. Sie sind dafür verantwortlich, die gemeinsam erarbeiteten Standards in allen Unternehmensbereichen nicht nur zu stabilisieren, sondern auch permanent weiterzuentwickeln.

Insgesamt haben bisher ca. 140 Teilnehmer aus 45 unterschiedlichen Firmen diese Studienreisen angetreten. Die Teilnehmer werden in fachlicher und kultureller Hinsicht auf den Aufenthalt in Japan und China vorbereitet. Neben der Sensibilisierung auf die Erfolgsfaktoren effizienter Unternehmenssysteme und Arbeitsprozesse, verschwendungsfreie Produktion und Anforderungen an die Führung, werden hierbei auch Grundlagen in der japanischen und chinesischen Kultur und Sprache vermittelt. Ein weiteres Seminar vor Ort konzentrierte sich auf die Grundelemente und Rahmenbedingungen eines profitablen Unternehmenssystems im Sinne von „sehen lernen", also auf das, was es in den nächsten Tagen zu sehen gibt. Neben einem Kulturprogramm in den ersten beiden Tagen ist der Reiseablauf so organisiert, dass täglich 1 bis 2 Firmenbesuche stattfinden können. Der Transfer zwischen den Firmen erfolgt je nach Entfernung und Erreichbarkeit per Flugzeug, Reisebus und Schnellzug.

Die bisherigen Reisen wurden alle in enger Kooperation und Abstimmung zwischen Südwestmetall und Aims Japan Ltd., Tokio, durchgeführt und von Jürgen Dörich und Hans-Jürgen Classen begleitet. Für die gesamte Zeit in Japan und China stehen darüber hinaus fachlich kompetente Dolmetscher zur Verfügung, wobei insbesondere Kazuko Kurahara (Abb. 1.2) in Japan hervorzuheben ist, die bisher alle Reisen begleitet hat und über eine einzigartige Fachkompetenz verfügt. Ebenfalls sollte erwähnt werden, dass Prof. Dr. Ralf Neuhaus bisher mehrfach an der fachlichen Begleitung der Reisen vor Ort beteiligt war.

Während der Firmenbesuche (Abb. 1.4 und 1.5) konzentrierten sich immer zwei Teilnehmer auf ein Schwerpunktthema, wie zum Beispiel Unternehmensstrategie und -philosophie, Führung, Arbeitsgestaltung und -organisation, Standardisierung, Verbesserungs-

Abb. 1.4 Besuch bei Toyota Motor Kyushu, Inc., Miyata Plant

Abb. 1.5 Studienreise 1. bis 8. Dezember 2012, Reisegruppe nach dem Besuch der Fa. AVEX

management, Qualifizierung, Qualitätsmanagement und Logistik. In der abschließenden Diskussion mit dem Management können einzelne Fragen vertieft werden. Es ist immer wieder erstaunlich, mit welcher großen Gastfreundschaft unsere Reiseteilnehmer in den Unternehmen empfangen werden und in welcher Offenheit auch über kritische Details diskutiert wird.

In den „Feedback-Runden" nach den Firmenbesuchen, meist während des Bustransfers, teilen die Teilnehmer ihre gewonnenen Eindrücke und Erkenntnisse mit. Dabei können in erweiterten Diskussionsrunden die fachlichen Inhalte vertieft werden. Die gewonnenen Erkenntnisse werden zusätzlich von den Teilnehmern analysiert und niedergeschrieben, um damit eine umfangreiche und detaillierte Dokumentation der Firmenbesichtigungen zu gewährleisten. Diese Ausarbeitungen fließen in einen detaillierten Abschlussbericht ein, den jeder Teilnehmer nach der Reise erhält. Zum Erhalt des Netzwerkes werden die Teilnehmer jährlich zu einem zweitägigen Treffen eingeladen, das neben dem Vertiefen von aktuellen Fachthemen auch einen intensiven Erfahrungsaustausch ermöglicht. Bilaterale Kontakte und Besuche sind keine Seltenheit.

Dieses Buch zeigt in der Folge die Erlebnisse und gemachten Erfahrungen während der Reisen auf und stellt dar, warum es immer noch Sinn macht und sich auszahlt, den weiten Weg auf sich zu nehmen, um vor Ort einige der weltbesten Firmen zu besichtigen.

> Peer-Michael Dick, Hauptgeschäftsführer Südwestmetall:
> „Wir müssen Wege finden, einfache Arbeit wettbewerbsfähiger zu machen. Schaffen wir es nicht, unsere Wettbewerbsfähigkeit hier zu verbessern werden solche Arbeitsplätze über kurz oder lang verloren gehen – zulasten von Menschen mit geringer Qualifikation, aber auch zulasten unserer industriellen Basis. Dies setzt der Leistungsfähigkeit von Staat und Wirtschaft ganz erhebliche Grenzen. Denn wenn uns die einfachen Produktionsarbeitsplätze verloren gehen, werden mittelfristig auch andere Betriebsfunktionen wie Konstruktion und Entwicklung folgen."

Literatur

Dörich J, Neuhaus R (2008) Sicherung von Produktionsarbeit – Eine Initiative des Verbandes der Metall- und Elektroindustrie Baden-Württemberg e. V. – Ein Erfahrungsbericht aus Deutschland und Japan. Angewandte Arbeitswissenschaft 197:2–14

2 Hintergründe und Ausgangssituation – warum Methoden allein nicht helfen

Ralf Neuhaus, Jürgen Dörich und Hans-Jürgen Classen

„Die Besuche der Firmen haben verdeutlicht, dass hinter dem Toyota-Produktionssystem viel mehr steckt wie nur Methodenkenntnis. Es wurde verdeutlicht, dass immer die Gesamtprozesse und der Mensch als Mitarbeiter und Führungskraft im Fokus stehen und, dass ein permanentes Streben nach Vermeidung von Verschwendung notwendig ist um das Ziel zu erreichen. Zum Erhalt der erreichten Zustände ist eine große Konsequenz in der Einhaltung der definierten Prozesse notwendig." (Volker Bartel, Fa. ERBE GmbH)

In den neunziger Jahren des letzten Jahrhunderts sind in vielen Unternehmen unterschiedliche Reorganisationsprojekte mit viel Engagement begonnen worden. Auslöser dieser Aktivitäten war vielfach eine Studie des Massachussetts Institute of Technology (MIT), die den Begriff „Lean Production" prägte und eine große Euphorie hinsichtlich Lean Production auslöste (vgl. Womack et al. 1991). Vorbild für Lean Production waren Management- und Steuerungsmethoden japanischen Ursprungs, wobei an erster Stelle das Toyota- Produktionssystem zu nennen ist. „Ohne die Verdienste und Leistungen anderer Automobilhersteller schmälern zu wollen, lässt sich objektiv feststellen, dass Toyota seit einer Reihe von Jahren eindeutig der Klassenprimus innerhalb der weltweiten Automobilindustrie ist und seine Führungsposition beständig und zielstrebig weiter ausbaut."

R. Neuhaus (✉)
Hochschule Fresenius, Düsseldorf, Deutschland
E-Mail: neuhaus@hs-fresenius.de

J. Dörich
Südwestmetall, Stuttgart, Deutschland
E-Mail: doerich@suedwestmetall.de

H.-J. Classen
Aims Japan Co., Ltd, Tokio, Japan
E-Mail: classen@aimsjapan.co.jp

Institut für angewandte Arbeitswissenschaft e. V. (Hrsg.), *Lernen von den Weltbesten*, ifaa-Edition, DOI 10.1007/978-3-662-46096-2_2

(Stotko 1993, S. 7). Das Toyota-Produktionssystem galt nicht nur in den neunziger Jahren als Vorbild, sondern ist bis zum heutigen Tag für viele Unternehmen weltweit Benchmark (vgl. Dyer und Hatch 2004; Financial Times Deutschland 2006; Handelsblatt 2004, 2006; Neuhaus 2010a).

Die mit der Euphorie bezüglich Lean Production verbundenen unterschiedlichsten Reorganisationsprojekte begannen in Deutschland zumeist vielversprechend, wurden dann allerdings oftmals nicht konsequent weiterentwickelt oder aber aufgrund auftretender Probleme, wenn die entwickelten Konzepte in die Praxis umgesetzt wurden, nach kurzer Zeit gestoppt. Der Blick in viele Unternehmen zeigt, dass nach Jahren immer neuer Reorganisationsprojekte die Implementierung von organisatorischen Innovationen an Dynamik verliert (vgl. Brocker 2002; Lay und Neuhaus 2005; Neuhaus 2010a).

Ein wesentlicher ausschlaggebender Aspekt für diesen Sachverhalt ist sicherlich die Diskussion über Produktionssysteme in der Automobilindustrie, die in den frühen 90ern häufige Richtungswechsel vollzogen hat. Es wechselten neue Leitbilder und Konzepte in scheinbar immer rascherer Folge einander ab, die oftmals die Praxis, d. h. die Prozesse in den Unternehmen, nur mehr oder minder beeinflussten. Die Produktion neuer Leitbilder oder Begriffssysteme wird bis zum heutigen Tag nicht zuletzt auch dadurch getrieben, dass dies ein wichtiges Geschäftsfeld der Unternehmensberater ist, die darauf angewiesen sind, dass von ihnen immer wieder vermeintlich neue Konzepte entwickelt oder aber alte Konzepte neu betitelt werden müssen. Aussagen wie z. B. „alter Wein in neuen Schläuchen" oder „es wird wieder eine neue Sau durchs Dorf getrieben" sind in vielen Unternehmen regelmäßig zu hören, wenn Unternehmensberater und Geschäftsführungen scheinbar „neue" revolutionäre Konzepte vorstellen.

Im Unterschied zu vielen anderen kurzlebigen Modeerscheinungen der Beratungsbranche hat sich das Thema und die Beratung im Bereich „Lean Production" und „Lean Management" jedoch etabliert, was immer weitere Veröffentlichungen und Kongresse zeigen.

Die augenblickliche Situation in den meisten deutschen Unternehmen kann vereinfacht derart beschrieben werden, dass die meisten Methoden und Instrumente, die insbesondere während der Lean-Production-Welle in den neunziger Jahren in Deutschland aufkamen, zwar bekannt sind und in zahlreichen Unternehmen Einzug gehalten haben, aber in der Masse der Klein- und Mittelbetriebe zumeist noch nicht umgesetzt oder aber z. T. noch unbekannt sind. Während sich einige Unternehmen eher mit der Frage beschäftigen, wie zum einen die bereits implementierten Methoden und Instrumente aufeinander abgestimmt werden können und zum anderen organisatorischen Innovationen neuer Schwung verliehen werden kann, denken andere Unternehmen noch darüber nach, ob und wie sie sich überhaupt derartigen organisatorischen Konzepten nähern sollen. „Einzelheiten wurden in den USA und Europa eifrig adaptiert: Die Kulturwelle, die Qualitätswelle, die Kundenwelle, die Gruppenwelle und andere schwappten über unsere Industrien hinweg wie Moden über Kleiderschränke." (manager magazin, zitiert aus Ohno 1993, Klappentext) (Abb. 2.1).

Die Erfahrung zeigt mittlerweile, dass in der Regel nicht die verfolgten Konzepte, Methoden, Instrumente oder Reorganisationsprojekte grundlegend falsch waren, sondern die

Abb. 2.1 „Du bist schlau genug, um Ausreden zu finden. Benutze jetzt deine Schläue zum Handeln.“ Taiichi Ohno, Foto freundlicherweise bereitgestellt durch Toyota Motor Corporation

eingeleiteten bzw. verfolgten organisatorischen Innovationen nicht stabilisiert, nicht aufeinander abgestimmt und oftmals sogar gegeneinander betrieben wurden. Darüber hinaus wird oftmals die kontinuierliche und konsequente Fortentwicklung bestehender organisatorischer Konzepte nicht verfolgt. Dies lässt sich insbesondere bei den Unternehmen, die im Laufe der neunziger Jahre verschiedene Organisationskonzepte und Methoden mit größtem Nachdruck verfolgten, beobachten. Das bedeutet, dass die konsequente Nutzung und kontinuierliche Weiterentwicklung der bisher umgesetzten organisatorischen Konzepte nicht mehr erfolgt oder aber nur noch halbherzig betrieben wird (vgl. Neuhaus 2010a).

Andererseits ist für viele Unternehmen aber auch zu beobachten, dass Produkt- und Dienstleistungsqualität ebenso wie die bestehenden Kostenstrukturen immer ähnlicher werden. Somit rücken, um letztendlich wettbewerbsfähig zu sein, für die Unternehmen Leistungsgrößen, wie z. B. Auftragsflexibilität und Liefertreue, immer mehr in den Vordergrund, um die sich dynamisch verändernden Rahmenbedingungen entsprechend abbilden zu können. So erfordert z. B. eine moderne wettbewerbsfähige Produktion nicht mehr nur exzellente wertschöpfende Produktionsprozesse, sondern vielmehr die kontinuierliche Eliminierung von Verschwendung in allen Prozessen, was auch hervorragende administrative Prozesse erfordert, um die Produktion optimal unterstützen zu können.

Diese Erfahrungen haben insbesondere bei den größeren Unternehmen dazu geführt, nicht nur vordergründig die verwendeten Organisationskonzepte und Methoden zu hinterfragen, sondern auch einzelne Methoden und Konzepte so aufeinander abzustimmen, dass ein ganzheitliches Managementsystem entsteht, das ständig zu hinterfragen und weiterzuentwickeln ist. Der Blick auf die Unternehmen zeigt, dass vornehmlich die Unzufriedenheit mit der Art und Weise, wie Methoden und Organisationskonzepte in den letzten Jahren implementiert worden sind, vorherrscht. Das Augenmerk liegt nun darauf, die Effektivität und Effizienz der verwendeten Organisationskonzepte und Methoden dadurch zu verbessern, dass diese in der betrieblichen Anwendung stabilisiert und die Abstimmung mit anderen bereits bestehenden oder aber noch zu implementierenden Methoden und Konzepten beachtet wird.

Für viele Unternehmen stellt sich in diesem Zusammenhang allerdings die Frage, welche Methoden und Organisationskonzepte auszuwählen sind, um ein Produktionssystem zielführend umzusetzen, und was die Kernelemente eines solchen Systems sind. Während das Ziel eines Produktionssystems letztendlich immer die Erreichung der vorgegebenen bzw. anzustrebenden Kosten-, Leistungs- und Qualitätsziele ist, um sowohl den externen als auch den internen Kunden zufriedenzustellen, so kann doch die Ausgestaltung des Systems und die Anwendung entsprechender Methoden sehr stark von Unternehmen zu Unternehmen variieren. Dies ist sinnvollerweise auch nicht anders zu realisieren, da die verwendeten Instrumente und Organisationskonzepte zwar bekannt sind, aber den jeweiligen organisatorischen, technischen und kundenbezogenen Gegebenheiten und der Kultur eines Unternehmens angepasst werden müssen, um eine entsprechende Wirkung entfalten zu können. Auf diese Weise entstehen in den Unternehmen zwangsläufig individuelle betriebliche Lösungen, wobei sich jedoch auch Kernelemente herauskristallisieren. Die genaue Ausgestaltung eines Produktionssystems ist vom Produkt, der vorhandenen Technologie, den Ressourcen und den Zielen eines jeden Unternehmens abhängig und muss daher sehr unterschiedlich ausfallen.

Um die Entwicklung und Umsetzung eines Produktionssystems vorantreiben zu können, ist es wichtig, nicht nur entsprechende Methoden und Organisationskonzepte einzusetzen, sondern auch Führungskräfte, Fachexperten und Mitarbeiter entsprechend einzubinden. Die Weiterentwicklung der bestehenden Strukturen ist ein Element des Kerngeschäfts aller Mitarbeiter und Führungskräfte. Hier wird auch häufig vom sogenannten Prinzip der flexiblen Standardisierung gesprochen (Abb. 2.2).

Die Voraussetzungen für einen kontinuierlichen Verbesserungsprozess ist eine sinnvolle Standardisierung

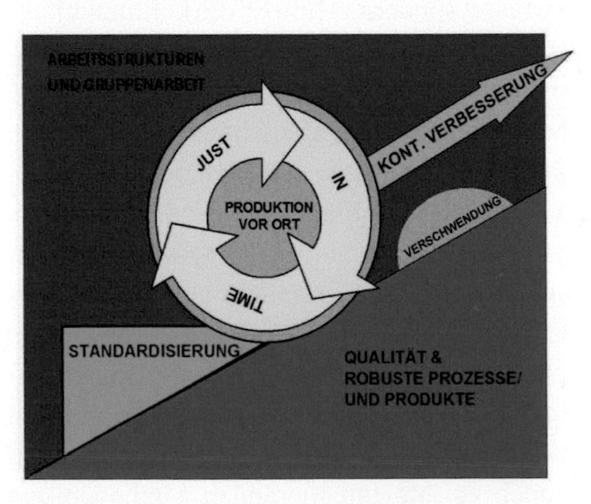

- Standards geben Orientierung und erleichtert die tägliche Arbeit.
- Standards werden nur dort vereinbart, wo es Sinn macht!
- Ein Standard bedeutet: die augenblicklich beste und sicherste Art einer Arbeitsausführung.
- Jeder selbst legt die Detailstandards seiner Arbeit fest; der Grobstandard ist vorgegeben.
- Der Standard wird mit den betroffenen Mitarbeitern (über die Schichten hinweg) abgestimmt und mit dem Vorgesetzten vereinbart.
- Jede Methode, jeder Prozess ist standardisiert, deshalb können Abweichungen vom Standard sofort erkannt werden.
- Verbesserungen werden aufgenommen, der Standard wird geändert, neu vereinbart und trainiert; der neue Standard ist für jeden sichtbar.

Abb. 2.2 Standardisierung ist die Grundlage für Verbesserung

Standardisierung im Rahmen von Produktionssystemen zielt nicht auf einen Zustand ab, der mittels Standard für die Ewigkeit geschaffen wurde, sondern vielmehr auf eine „flexible Standardisierung". Grundlage des Prinzips der flexiblen Standardisierung ist der Gedanke, dass standardisierte Prozesse, Konzepte und Methoden dabei helfen sollen, das Produktionssystem so stabil wie möglich zu gestalten. Das bedeutet, dass der Standard, als augenblicklich bester bekannter betrieblicher Zustand, einen Rahmen schafft, in dem Prozesse, Konzepte und Methoden immer auf die augenblicklich beste Art und Weise ausgeführt werden können.

Das Prinzip der flexiblen Standardisierung geht davon aus, dass die in einem Produktionssystem zusammengefassten Prozesse, Methoden und Konzepte zunächst einmal für sich betrachtet augenblickliche „Best Practice"-Lösungen im Unternehmen darstellen. Diese „Best Practice"-Lösungen werden dabei allerdings nicht als endgültig abgeschlossen betrachtet. Sofern betriebliche Erfahrungen oder Verbesserungsprozesse effektivere Vorgehensweisen generieren, müssen die geltenden Standards überarbeitet werden, wodurch neue und verbesserte Standards entstehen. Diese neuen Standards werden ihrerseits wiederum formalisiert.

Formalisierung bedeutet, dass die jeweiligen einzelnen Prozesse, Methoden und Konzepte z. B. hinsichtlich Prinzip, Werkzeug, Visualisierung und deren Verknüpfung beschrieben und dargestellt werden, was die Anwendung der einzelnen Methoden und Instrumente erleichtert. Allerdings – und da liegt eine große Gefahr in der Standardisierung – darf der Standard nicht zu einem statischen Zustand und einer Form der Bürokratisierung führen, bei dem Veränderungen zum Besseren nicht mehr möglich sind. So erlaubte z. B. Taiichi Ohno (Abb. 2.1) bei Toyota lange Zeit nicht, seine standardisierten bzw. „normierten" Methoden aufzuschreiben, da er der Überzeugung war, dass ein Verbesserungsprozess nie aufhört und er durch die schriftliche Fixierung feste Form annimmt und dadurch zum Stillstand kommt (Ohno 1993).

> „Bei Festsetzung einer Norm muss man recht behutsam verfahren, ist es doch erheblich leichter, eine falsche als eine richtige Norm aufzustellen. Es gibt Normen, die einen Stillstand, und andere Normen, die einen Fortschritt ankündigen. Darin liegt die Gefahr, leichtfertig über Normung zu schwatzen." (Ohno 1993, S. 127)

Das Prinzip der flexiblen Standardisierung unterstellt, dass langfristig keine perfekten Lösungen existieren, weshalb es auch keinen Grund gibt, sich auf einem derzeitigen oder neu definierten Standard auszuruhen. Dieses Grundverständnis ist der Ausgangspunkt und die Basis für strukturierte Verbesserungsaktivitäten. Insbesondere dieses Grundverständnis ist im Rahmen der Asienreise auch bei den besuchten Unternehmen sehr gut zu beobachten.

Es ist jedoch äußerst schwierig, einen Prozess nachhaltig zu verbessern, wenn er nicht standardisiert ist, da Standardisierung die grundsätzliche Voraussetzung ist, um einen kontinuierlichen Verbesserungsprozess aufzusetzen (vgl. Imai 2002).

Ein strukturierter Verbesserungsprozess entfaltet sich erst auf Basis bekannter und etablierter Standards. Wenn die Schwankungsbreite bei der Ausführung des Prozesses sehr weit gefasst werden kann und es eine große Anzahl von Varianten gibt, wird jede

Verbesserungsaktivität zu einer weiteren Variante dieses Prozesses führen, wo jeden Tag entschieden werden kann, welche Variante man wählt. Daher können Verbesserungsmaßnahmen, die nicht an einer bestehenden Basis, d. h. Standards, ansetzen, ins Leere zielen und damit ineffektiv werden.

Die bestehenden Standards können bei guter Akzeptanz durch Mitarbeiter, Führungskräfte und Fachexperten Kristallisationskern für die Eigeninitiative der Mitarbeiter sein, da diese Standards eine eindeutige, einheitliche Basis für Prozessverbesserung schaffen, die Auseinandersetzung mit dem Prozess fördern, für einfache, transparente Prozessdarstellungen sorgen und als Kommunikationshilfe, z. B. in Verbindung mit Arbeitsunterweisungen, dienen.

Dies hat auch F. W. Taylor schon vor über 100 Jahren erkannt. „Es entspricht den Regeln der wissenschaftlichen Betriebsführung, dass der Arbeiter in Übereinstimmung mit den Gesetzen arbeitet, welche entwickelt worden sind, und dass sich die Leute zumindest einmal an die Methode halten, die ihnen vorgegeben wurde, bevor sie Einspruch dagegen erheben oder sich beschweren. Wenn nach einem einmaligen Versuch mit der neuen Methode irgendein Arbeiter einen besseren Vorschlag irgendeiner Art machen kann, dann ist dieser Vorschlag für die Betriebsleitung äußerst willkommen. Und es sind diese Vorschläge der Arbeiter, welche neun Zehntel unseres Fortschritts ausmachen. Auf diesem Weg gewinnen wir den größten Teil unserer Kenntnisse und den Anstoß für die Verbesserung der Methoden und der Einrichtungen.“ (F. W. Taylor 1911, zitiert nach Hebeisen 1999, S. 123)

Interessant ist in diesem Zusammenhang, dass Taylor in den westlichen Industriestaaten weitestgehend verteufelt wird, während seine reine Lehre in Japan vernünftig und pragmatisch angewendet wird.

Auf dieser Basis lassen sich kontinuierliche Verbesserungsaktivitäten, die typischerweise gezielt initiiert werden müssen, im Unternehmen implementieren. Um wiederum einen nachhaltigen Nutzen von generierten Verbesserungen zu erzielen, ist es erforderlich, die erreichten Verbesserungen durch Standards abzusichern.

Anschließend müssen diese Standards durch die Führungskräfte regelmäßig dahingehend auditiert werden, ob die standardisierten Abläufe auch tatsächlich befolgt und beherrscht werden oder ob diese Prozesse evtl. unzweckmäßig sind. Wenn z. B. die Mitarbeiter die beschriebenen Standards genau befolgen und dennoch Qualitätsprobleme, Defekte, Fehler usw. auftreten, müssen die Standards überarbeitet und modifiziert werden (vgl. Greßler und Göppel 2006).

In Abb. 2.2 wird der augenblickliche Ist-Zustand, als Kugel dargestellt, der mittels „Standardisierungskeil“ festgehalten bzw. abgesichert wird. Der Ist-Zustand kann bzw. muss aber im Verlauf von Verbesserungsaktivitäten, z. B. mittels PDCA-Zyklus (Plan, Do, Check, Act), regelmäßig hinterfragt und weiterentwickelt werden. Sobald eine bessere Lösung gefunden wurde, ist diese zu standardisieren, um den neuen Zustand absichern zu können und eine spätere Verschlechterung zu vermeiden (vgl. Greßler und Göppel 2006; Imai 2002; Neuhaus 2010c).

Vor der wiederholten Anwendung des PDCA wird geprüft, ob erfolgreiche Maßnahmen als Standards festgelegt werden können. Standards werden in deutschen Organisationen leider meistens als unverrückbar geltende Regeln verstanden. Anders in Japan, wo sie als neu erklommene Stufen einer Leiter gesehen werden, auf der man weiter nach oben geht (Kostka und Kostka 2002 S. 35).

Ein Vorteil des Prinzips der flexiblen Standardisierung besteht für Führungskräfte darin, dass sowohl die Verbesserung der Standards selbst als auch die Auditierung der im System integrierten Prozesse, Methoden und Konzepte bezüglich der vorgeschriebenen und effizienten Anwendung erleichtert werden. In diesem Sinne schränkt Standardisierung Komplexität ein und ist gleichzeitig Ausgangspunkt für Verbesserungsmaßnahmen und neue Lösungen, die zu einem neuen Standard werden. Auf diese Weise erfolgt eine „abgesicherte" kontinuierliche Verbesserung des Produktionssystems.

Für Führungskräfte bedeutet die konsequente Entwicklung und Verfolgung von Standards (vgl. Suzaki 1994):

- Basis für Verbesserungen zu schaffen,
- Schwankungen zu reduzieren,
- Vertrauen und Beständigkeit zu fördern,
- Vorgehensweise zum Aufdecken von Problemen zu schaffen,
- Basis für Ausbildung und Training zu schaffen,
- Mehrarbeit, Sicherheits- und Produkthaftungsprobleme zu eliminieren.

Für Führungskräfte ist es zudem wichtig, allen Betroffenen zu verdeutlichen, dass Standards im Rahmen von Verbesserungsprozessen nur dazu dienen, von noch besseren Standards abgelöst zu werden. Das heißt nicht, dass jeder Mitarbeiter und jede Führungskraft unkontrolliert permanent andere Standards definieren kann, nur weil man der Meinung ist, dass ihre Standards besser als der Ausgangszustand sind. Wenn die Überzeugung heranwächst, dass der bestehende Standard nicht mehr den Anforderungen entspricht, müssen entsprechende Zahlen, Daten und Fakten gesammelt und/oder Verbesserungsaktivitäten initiiert werden, um u. U. einen neuen Standard zu definieren. Damit ergibt sich in der betrieblichen Praxis ein oftmals „neuer" Aspekt des Managements, d. h. eine Führungskraft hat diesbezüglich grundsätzlich zwei Aufgaben. Zum einen muss sie den Standard des bisher Erreichten erhalten und gegen Verschlechterung absichern, und zum anderen muss sie das bisher Erreichte verbessern, indem sie den Prozess bewertet, der u. U. zu einem verbesserten Ergebnis führt (vgl. Imai 2002).

Die Umsetzung des Prinzips erfolgt in allen besuchten japanischen Unternehmen. Die Optimierung technischer und organisatorischer Abläufe ist in diesen Unternehmen, die alle einen organisatorisch verankerten Verbesserungsprozess zur kontinuierlichen Optimierung der Kernprozesse realisiert haben, in der Regel eine über verschiedene Standards definierte Aufgabe der Mitarbeiter, Führungskräfte und Fachexperten.

Die Problemlösungskompetenz und -verantwortung der Mitarbeiter, Führungskräfte und Fachexperten wird hier in der betrieblichen Praxis durch standardisierte Prozesse und Problemlösungstechniken gestärkt, was z. B. durch entsprechende Qualifizierungsmaßnahmen abgesichert wird.

Die Verbesserung der betrieblichen Abläufe geschieht u. a. durch die konsequente Reduzierung von Verschwendung in den Prozessen. Führungskräften fällt beim Verbesserungsprozess vor allem die Aufgabe der Kommunikation und Transparenzerzeugung zu, d. h. die präzise Rückmeldung von Ergebnissen, Besprechung von Verbesserungsvorschlägen und deren Qualität. Insbesondere diese hervorgehobene ständige Kommunikation der Führungskräfte mit ihren Mitarbeitern ist ein wesentlicher Grund für deren Erfolg. Führungskräfte tragen darüber hinaus die Verantwortung für die Umsetzung, Ableitung und Kontrolle von Verbesserungsmaßnahmen.

Ein weiterer Aspekt, der als Grund für den Erfolg herangezogen werden kann, ist die konsequente Überprüfung des Umgangs mit bestehenden Standards. Bestehende Standards sind die Grundlage, auf deren Basis auch Fachexperten und Führungskräfte agieren, um einen kontinuierlichen Verbesserungsprozess im Unternehmen etablieren zu können.

In den besuchten Unternehmen werden bestehende Standards täglich vornehmlich von den direkten Führungskräften überprüft, wobei sie dabei auch von Mitarbeitern und Fachexperten unterstützt werden. Notwendige Veränderungen der Standards werden zumeist an Führungskräfte und Fachexperten zurückgemeldet, die auch verantwortlich für die Schaffung neuer Standards sind.

Diese Regelkreise, bestehend aus Standardisierung, KVP und Auditierung, sind in den besuchten Unternehmen diszipliniert verankert.

Im Rahmen des Verbesserungsprozesses wird auch die Maßnahmenumsetzung und -ableitung konsequent auditiert. Der in den Unternehmen implementierte Verbesserungsprozess ist vor allem zur Weiterentwicklung von Standards, im Sinne einer flexiblen Standardisierung, vorgesehen, da die Weiterentwicklung von Standards in der Auditierung eine wesentliche Rolle spielt (vgl. Abb. 2.3).

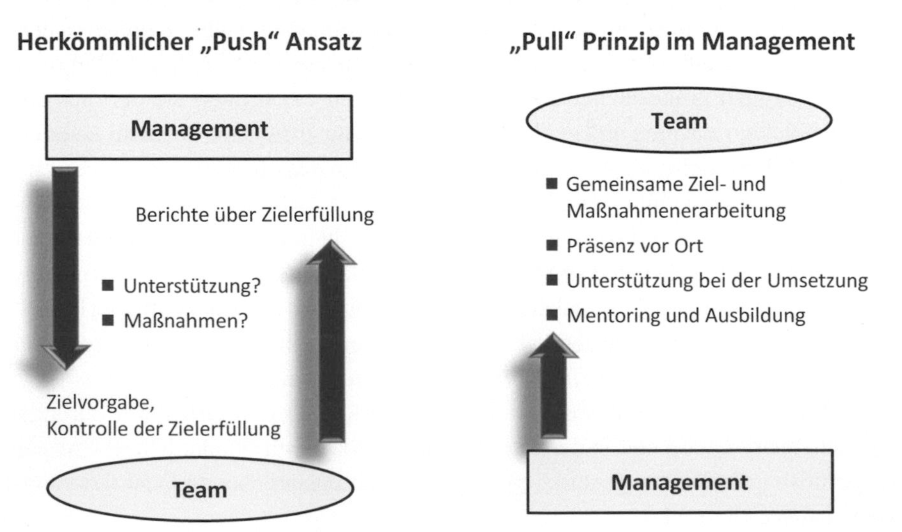

Abb. 2.3 Push und Pull im Führungsverhalten

In den besuchten Unternehmen gehören neben den ursächlichen Arbeitsaufgaben insbesondere strukturierte Verbesserungsaktivitäten, im Sinne des Prinzips der flexiblen Standardisierung, zum primären Aufgabenprofil von Mitarbeitern, Führungskräften und Fachexperten. Es ist insbesondere die Aufgabe aller Führungskräfte, dieses Prinzip entsprechend abzusichern und voranzutreiben. Dies ist, wie die Besuche in den Unternehmen zeigen, in allen Unternehmen implementiert. Diese Vorgehensweise hat auch schon Taylor vor rund einhundert Jahren empfohlen.

Literatur

Brocker U (2002) Vorwort. In: Institut für angewandte Arbeitswissenschaft e. V. (Hrsg) Ganzheitliche Produktionssysteme. Gestaltungsprinzipien und deren Verknüpfung. Wirtschaftsverlag Bachem, Köln

Dyer J, Hatch N (2004) Toyotas Geheimnis. Wirtschaftswoche 6:5

Financial Times Deutschland (21. Marz 2006) Glos wirbt bei Toyota für deutsche Zulieferer. Unternehmen + Branchen

Greßler U, Göppel R (2006) Qualitätsmanagement. Eine Einführung, 5. Aufl. Bildungsverlag EINS, Troisdorf

Handelsblatt: Toyota – Beharrlich erfolgreich, 12. Mai 2004

Handelsblatt: Toyota – Neue Herausforderung, 7. August 2006

Hebeisen W (1999) F. W. Taylor und der Taylorismus. Über das Wirken und die Lehre Taylors und die Kritik am Taylorismus. vdf Hochschulverlag, Zürich

Imai M (2002) Kaizen. Der Schlüssel zum Erfolg im Wettbewerb, 2. Aufl. Econ, München

Kostka C, Kostka S (2002) Der kontinuierliche Verbesserungsprozess. Methoden des KVP, 2. Aufl. Hanser, München

Lay G, Neuhaus R (2005) Ganzheitliche Produktionssysteme (GPS). Fortführung von Lean Production? Angewandte Arbeitswissenschaft 185:32–47

Neuhaus R (2010a) Evaluation und Benchmarking der Umsetzung von Produktionssystemen in Deutschland. Norderstedt, BOD-Verlag

Neuhaus R (2010c) Flexible Standardisierung im Produktionssystem. Industrial Engineering 4:12–15

Ohno T (1993) Das Toyota-Produktionssystem. Campus, Frankfurt

Stotko C (1993) Geleitwort zur deutschen Ausgabe: Die Bedeutung des Werkes von Taiichi Ohno für die heutige Industrie. In: Ohno, T. (Hrsg) Das Toyota-Produktionssystem. Campus, Frankfurt a. M.

Suzaki K (1994) Die ungenützten Potenziale – Neues Management in Produktionsbetrieben. Hanser, München

Womack J, Jones D, Roos D (1991) Die zweite Revolution in der Autoindustrie. Campus, Frankfurt a. M

3 Erkenntnisse aus den Japanreisen

Ralf Neuhaus, Jürgen Dörich und Hans-Jürgen Classen

In den nachfolgenden Kapiteln werden die durch die Japanreisen gewonnenen wesentlichen Erkenntnisse und sehenswerten Beobachtungen dargestellt. Die ausgewählten Schwerpunkte sind:

- Firmenstrategie und -philosophie
- Rolle der Führung
- Qualitätsphilosophie
- Kaizen
- Standardisierung
- Qualifikation
- Arbeitsplatzgestaltung und -organisation
- Logistik

R. Neuhaus (✉)
Hochschule Fresenius, Düsseldorf, Deutschland
E-Mail: neuhaus@hs-fresenius.de

J. Dörich
Südwestmetall, Stuttgart, Deutschland
E-Mail: doerich@suedwestmetall.de

H.-J. Classen
Aims Japan Co., Ltd, Tokio, Japan
E-Mail: classen@aimsjapan.co.jp

Institut für angewandte Arbeitswissenschaft e. V. (Hrsg.), *Lernen von den Weltbesten,*
ifaa-Edition, DOI 10.1007/978-3-662-46096-2_3

3.1 Gelebte Firmenstrategie und -philosophie

„Ich denke, dass es Südwestmetall mit dieser Benchmarkreise gelungen ist, bei allen Teilnehmern das Bewusstsein zu schaffen, dass für eine nachhaltige Standortsicherung des Produktionsstandortes Deutschland, ein Paradigmenwechsel vollzogen werden muss." (Markus Hoch, Magna Car Top Systems GmbH)

„Die Besuche der japanischen Unternehmen zeigten mir auf intensive Weise, was es bedeutet, nachhaltig eine Kultur zur stringenten Verschwendungsminimierung eingeführt zu haben. Beginnend mit einem vorbildlichen Ausbildungszentrum von Toyota bis hin zu den effizienten und standardisierten Mitarbeiter- und Materialflüssen in den besuchten Unternehmen war ersichtlich, wie und warum moderne Unternehmenssysteme erfolgreich sein können." (Prof. Dr.-Ing. Sascha Stowasser, Direktor des ifaa)

Bei den besuchten Unternehmen wird offensichtlich, dass die Herstellung von qualitativ hochwertigen Produkten Kerngeschäft aller Mitarbeiter und Führungskräfte ist. Entlang der internen Prozesskette, d. h. mit Entwicklung, Planung, Einkauf, Vertrieb usw., sind alle Bereiche und Abteilungen daran ausgerichtet. Auch ist klar definiert, wer interner „Dienstleister" und wer interner Kunde ist, um den Produktentstehungsprozess unter dem Einsatz der vorhandenen Ressourcen und des „Know-How" aller Bereiche und Abteilungen optimal zu unterstützen. Bei allen Unternehmen ist es so, dass die Produktion als der dem externen Kunden am nächsten stehende Unternehmensbereich definiert ist und alle anderen Bereiche des Unternehmens somit per Definition so funktionieren müssen, dass die Produktion für den Endkunden in jeder Hinsicht herausragende Produkte fertigen kann. Um hier kein Missverständnis aufkommen zu lassen, dies bedeutet nicht die Unterordnung der Produktentwicklung unter die Produktion, sondern vielmehr, dass die Produktentwicklung stets auf die Notwendigkeiten und Belange der Produktion achtet und dieser hilft, vernünftige Arbeit machen zu können. Diese interne Zusammenarbeit, basierend auf einem stark ausgeprägten Kunden-Lieferanten -Verständnis, läuft in definierten Prozessen mit zielorientierten Leistungsvereinbarungen ab und kommt in der jeweiligen Firmenphilosophie und -strategie in der Regel deutlich zum Ausdruck.

Die Ziele der Unternehmen sind langfristig ausgelegt und werden top-down vorgegeben, wobei das oberste Ziel immer die Erreichung von Perfektion im gemeinsam definierten Rahmen in den Bereichen Qualität, Kosten und Zeit ist. Der Weg zur Zielerreichung wird gemeinsam erarbeitet, umfangreich kommuniziert und konsequent mit gegenseitiger Unterstützung in der gesamten Organisation eingehalten. Das Fundament der Firmenphilosophie ist stets die Wertschätzung gegenüber allen Mitarbeitern. Die Konzentration auf das Wertesystem und die Bedeutung der Menschen als Vermögensfaktor, der eigentlich auf der Aktiva-Seite der Bilanz anstatt als Kostenfaktor in der Gewinn- und Verlustrechnung geführt werden sollte, wird immer wieder betont. Zudem sind der Umweltgedanke und das soziale Engagement ein wesentlicher Teil der Unternehmensphilosophien und werden ebenso öffentlich vermarktet wie die Produkte, was oft sehr eng miteinander verbunden erfolgt. Damit wird das Verantwortungsbewusstsein des Unternehmens und der Mitarbeiter gegenüber der gesamten Gesellschaft zum Ausdruck gebracht.

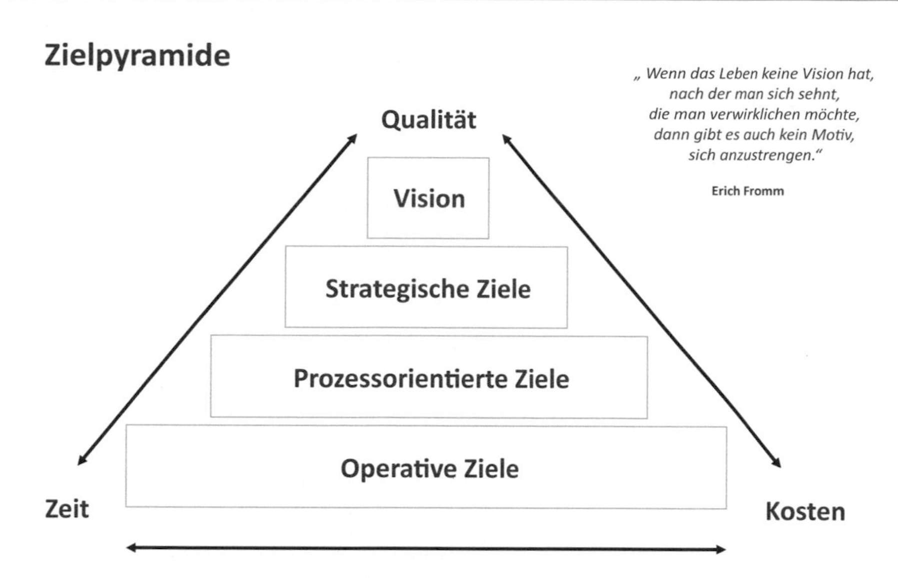

Abb. 3.1 Paradigmenwechsel: Qualität geht schnell und günstig

Die Vision, Mission und die aktuellen Unternehmensziele sind überall in der gesamten Organisation gegenwärtig und der gesamten Belegschaft bekannt (Abb. 3.1). Die Unternehmensziele werden innerhalb des Managements operationalisiert und in einer Kaskade top-down kommuniziert, indem Gruppenziele und individuelle Ziele daraus abgeleitet werden. Auf Gruppentafeln werden nicht nur Gruppenziele, sondern auch die Individualziele veröffentlicht und sind für alle Personen zugänglich. Der Zielerreichungsgrad der Gruppe sowie der individuelle Zielerreichungsgrad werden permanent durch die Führungskräfte aufgezeigt und mit ihnen besprochen. Bei Zielabweichungen werden unmittelbar gemeinsam mit dem Team und bei Bedarf auch mit Unterstützung durch Fachexperten, Abstellmaßnahmen erarbeitet und diese dann konsequent umgesetzt. Es gilt, das Selbstverständliche selbstverständlich zu tun.

Die Vermeidung von Verschwendung in allen Unternehmensbereichen, d. h. nicht nur in der Produktion, steht unabhängig von der erforderlichen Zielerreichung im Mittelpunkt der täglichen Arbeit aller Mitarbeiter und Führungskräfte. Die tägliche Arbeit bewirkt eine hohe Identifikation mit dem gesamten Unternehmen, den Unternehmenszielen und den individuellen Zielen. Das ausgeprägte Qualitäts- und Pflichtbewusstsein und die sehr hohe Arbeitsmoral – die nicht unbedingt landespezifisch, sondern vielmehr unternehmensspezifisch ist, führen zu einem ganzheitlichen Kostenbewusstsein und in der Folge zur permanenten Beseitigung von Verschwendung in allen Tätigkeiten und Arbeitsprozessen, über das gesamte Unternehmen hinweg, beginnend bei Lieferanten bis hin zum Kunden.

Das „geschriebene Wort", also die Dinge, die man von den Mitarbeitern erwartet, wird von allen Führungskräften konsequent vorgelebt, dies wird aber auch von den Beschäftigten eingefordert. Somit wirkt das Handeln der Führungskräfte im gesamten Unternehmen, insbesondere in der Kommunikation mit den Mitarbeitern, aufeinander abgestimmt, sehr authentisch und glaubhaft.

Highlights:

- Wertesysteme sind stimmig in die gesamte Unternehmensstrategie eingebettet.
- Kommunikation der Unternehmensstrategie mit ausreichendem Umfang an Visualisierung in Kongruenz mit dem unternehmerischen Navigationssystem bei definiertem kontinuierlichem Verbesserungsprozess und klarem Zielsystem.
- Die Unternehmen verfolgen in der Regel schon seit mehreren Jahren die „Toyota – Philosophie" und betreiben diesbezüglich kein „Strategiehopping", d. h. einen ständigen Wechsel der Strategien und Philosophie. Ausgangspunkt waren in der Regel lange Durchlaufzeiten, Qualitätsprobleme usw. Es gilt allerdings der Grundsatz: Toyota und dessen Philosophie lässt sich nicht kopieren. Es werden jedoch eigene Wege für das jeweilige Unternehmen angestrebt. Das so entstandene Unternehmenssystem erhält stets einen eigenen Namen und ist bei allen Mitarbeitern inhaltlich präsent.
- Der Mensch wird als der wichtigste Aspekt angesehen, man spricht vom Personalvermögen.
- Soziales Engagement – Aktivitäten.
- Wert gelegt wird auf ständige Verbesserungen (Listen mit Ideen/Implementierungen) und Automatisierung.
- Wertschätzung von vorbildlichen Beschäftigten, die auf Konferenzen (alle 6 Monate) eine Ehrung erfahren.

Es werden oftmals Vorbilder gesucht, d. h. je nach Abteilung. So orientiert sich z. B. ein Vertrieb an Tyson und die Produktion an Toyota.

3.2 Die Rolle der Führung – die große Herausforderung in Deutschland?

„Konsequentes Gestalten und Führen der Betriebe nach den Regeln des TPS sichert langfristig auch die Produktion bei uns in Deutschland." (Heinz Schulmeyer, C. & E. Fein GmbH)

„Ich bin froh, diese Reise gemacht zu haben. Nebst konkreter Ideen hat diese Reise meinen Blick auf das Thema Führung verändert (Der Mensch steht im Fokus, Dinge von Grund auf erlernen und dann richtig machen)." (Markus Bühler, IWC Schaffhausen)

In den besuchten japanischen Unternehmen ist das Führungsverständnis durch die Überzeugung geprägt, „Dienstleister" der zu verantwortenden Prozesse und der darin arbeitenden unterstellten Mitarbeiter zu sein. Hierbei ist der Begriff „Dienstleister" jedoch genauer zu betrachten (vgl. Dörich und Neuhaus 2009). Dies umfasst u. a.

- Orientierung und Sicherheit zu geben,
- Prozesse zu stabilisieren und kontinuierlich zu verbessern,

- bei Problemen sofort zu unterstützen,
- Hilfestellung zu leisten,
- erforderliche Informationen rechtzeitig und verständlich zur Verfügung zu stellen,
- Feedback zu geben,
- die Leistungsfähigkeit und Beschäftigungsfähigkeit aller Mitarbeiter zu erhalten,
- zu qualifizieren (oft mit sehr viel Geduld) und
- die Meinung des Mitarbeiters einzufordern und zu respektieren.

Ein Kernelement im Tagesgeschäft jeder Führungskraft, unabhängig von der Abteilung und Hierarchie, ist die Stabilisierung und Optimierung von Prozessen mittels des Prinzips der flexiblen Standardisierung. Abweichungen vom Standard, jegliche Problemstellungen und Fehler werden konsequent z. B. über den sokratischen Fragestil, d. h. die Methodik „5W" (fünfmal „warum?" fragen) wird konsequent eingesetzt, hinterfragt, um somit die Mitarbeiter auf einen Lösungsweg hinzuweisen. Die Standards werden visualisiert, so dass bei den routinemäßigen zumeist täglichen Überprüfungen der Standards jegliche Abweichungen unmittelbar erkannt und entsprechende Maßnahmen eingeleitet werden können. Dies führt insgesamt zu einer Nachvollziehbarkeit von Abweichungen und einer nachhaltigen Einhaltung und Weiterentwicklung von Standards.

Um diese Aufgaben sinnvoll und konsequent wahrnehmen zu können, liegen die Führungsspannen in der Regel bei 1 zu 6 bis 1 zu 15, je nach Bereich. Auf diese Weise kann die konsequente Einhaltung von Standards, die permanente Konzentration auf die Steigerung der Wertschöpfung und die Vermeidung bzw. Reduzierung von Verschwendung gewährleistet werden. Die Folge ist eine stetige Verbesserung der Qualität und Produktivität sowie auch der ergonomischen Situation an den Arbeitsplätzen unter Einbindung und Akzeptanz der Mitarbeiter.

Die Managementorganisation wird durch eine angemessene Führungsstruktur unterstützt (Abb. 3.2). Alle Führungskräfte werden regelmäßig (3 bis 4 Wochen/Jahr) trainiert, qualifiziert und oft auch zertifiziert. Die Führungskräfte werden in diesem Rahmen in der Regel von ihren direkten Führungskräften qualifiziert, trainiert und auch zertifiziert. Die Führungsprozesse werden detailliert beschrieben und bilden für alle Führungskräfte verbindliche Standards. Abweichungen von diesen Standards oder Missachtung haben somit in der Regel auch direkte und nachhaltige Folgen für die jeweilige Führungskraft.

Die Ergebnisse der Zielerreichung, das Engagement im Verbesserungsprozess und auch die Zertifizierung sind ausschlaggebend für die Höhe des Jahresbonus und die persönliche Weiterentwicklung von Führungskräften. Führungskräfte, die den entsprechenden Anforderungen nicht mehr gerecht werden, bekommen die Chance, sich für eine andere Tätigkeit/Funktion zu qualifizieren. Dies kann auch zu einem Standort- oder Arbeitgeberwechsel und zu Veränderungen im Entgelt führen.

Alle Führungskräfte besitzen tief gehende Kenntnisse und Erfahrungen aus ihrer Tätigkeit in den zu verantwortenden Prozessen, da sie u. a. regelmäßig vor Ort präsent sind und insbesondere an Workshops zur Verbesserung von Arbeitsplätzen und Arbeitsprozessen aktiv teilnehmen. Alle von den Mitarbeitern abgeforderten Verhaltensregeln und Leistungsstandards werden konsequent eingefordert und auch konsequent vorgelebt.

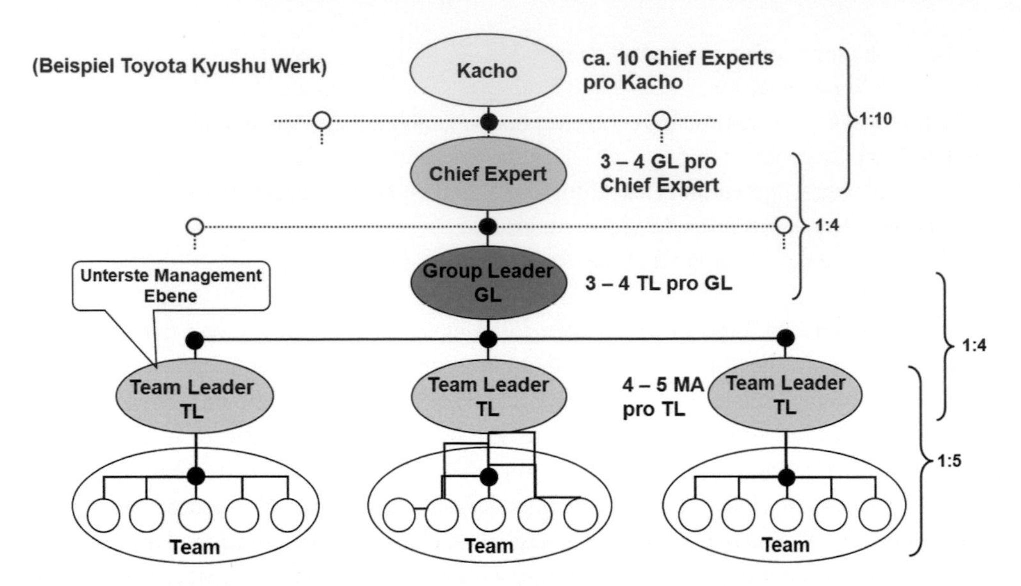

Abb. 3.2 Aufbauorganisation Montage im Toyota Kyushu Werk. Quelle Hans-Jürgen Classen, aufbauend auf den Informationen von Koichi Takenouchi

Strategische Entscheidungen werden ausführlich und ganzheitlich, d. h. horizontal und vertikal, diskutiert und vereinbart. Getroffene Entscheidungen werden dann in der Regel, insbesondere wenn es Produkt- oder Produktionsstrategien betrifft, nicht mehr infrage gestellt.

Durch viele Hierarchiestufen und kleine Leitungsspannen bietet z. B. das Toyota-Produktionssystem auf allen Ebenen Aufstiegsmöglichkeiten in Bezug auf Status und Entgelt an. Andere Unternehmen bieten für gute Fachleute neben dem Aufstieg in der Führungshierarchie als weitere Perspektive auch eine Fachkarriere mit Aufstieg in einer Fachhierarchie an.

Highlights:

- Aufgaben und die Rolle der Führung im Rahmen von Kaizen-Aktivitäten.
- Die Arbeit mit und die Auswirkung von kleinen Führungsspannen.
- Für die Realisierung der verfolgten Ziele ist das klare Commitment aller Führungskräfte bzgl. der erarbeiteten Vorgaben deutlich spür- und vor Ort erlebbar.
- Konsequente Entwicklung von Führungskräften fast immer aus der eigenen "Mannschaft" heraus. Sehr wenige Quereinsteiger!
- Konsequentes und eindeutiges Auswahlverfahren für Führungskräfte.
- Tägliches Coaching durch den nächsten Vorgesetzten.
- Regelmässiges Training und Ausbildung der Führungskräfte.
- Führungskräfte als Dienstleister und Mentoren erleben.
- Zielsysteme werden top-down methodisch herunter gebrochen und mit hoher Transparenz in persönliche Ziele für Mitarbeiter überführt.

- Führungskräfte sehen ihre Hauptaufgabe darin, ihre Mitarbeiter optimal zu unterstützen und auszubilden. Sie handeln entsprechend einem bei Toyota oft zu hörenden Leitspruch, wonach die Herstellung von Produkten das Heranziehen von Menschen bedeutet („Monozukuri wa Hitozukuri").

3.3 Die ganzheitliche Qualitätsphilosophie

> „Es war begeisternd und wertvoll zu sehen, was Weltklasse-Unternehmen mit einem durchgängig umgesetzten Produktionssystem erreichen können, als Vision und Ziel für die eigene Weiterentwicklung." (Dr. Martin Herrmann, Fa. Stoll)

Qualität ist in der japanischen Industrie eine der wichtigsten strategischen Stoßrichtungen zur Sicherung des Wettbewerbsvorteils und der Arbeitsplätze – und das offensichtlich mit Erfolg.

Der Kunde, unabhängig davon ob intern oder extern, steht immer im Vordergrund und muss mit dem Produkt und/oder der Dienstleistung des Unternehmens oder einer Abteilung im höchsten Maße zufrieden sein (Abb. 3.3).

Qualität steht nach dem Gesundheitsschutz im Fokus aller Aktivitäten. Hierzu braucht es keine große Aufforderung an die Beschäftigten und Führungskräfte aller Abteilungen, da diese Sichtweise für jeden durch die Führungskräfte des Unternehmens immer wieder selbstverständlich gemacht wird. Die Selbstdisziplin und die Geisteshaltung jedes Einzelnen in der Organisation in Bezug auf die Generierung höchster Qualität ist eines der wichtigsten Elemente, ist aber keineswegs durch die japanische Landeskultur garantiert, sondern das explizite Ergebnis der Unternehmenskultur, die durch die Führungskräfte ge-

Abb. 3.3 Befriedigung der Kundenerwartungen

tragen und am Leben erhalten wird. Es besteht durchgängig eine sehr enge Bindung der Mitarbeiter an die zu erzielenden Ergebnisse. Diese Qualitäts- und Arbeitsvorgaben sind eindeutig beschrieben und kommuniziert und werden konsequent von Führungskräften eingefordert. Die hierbei eingesetzten Methoden sind in der Regel als Routine anzusehen und oftmals auch zweitrangig. Die Beschäftigten werden regelmäßig durch die Führungskräfte in Bezug auf Produktqualität und Prozessqualität trainiert. Diese Trainings und Schulungen geschehen zumeist in den Pausen, während Stillstandszeiten oder nach Schichtende, aber fast immer vor Ort am Arbeitsplatz.

Grundsätzlich ist jeder in der Organisation für die Qualität seiner eigenen Arbeitsausführung und der des Kollegen oder Mitarbeiters verantwortlich. Die Gruppe als Kollektiv ist dafür verantwortlich, dass die Leistungsstandards und Qualitätsvorgaben nicht nur eingehalten, sondern auch permanent verbessert werden. Entsprechende Daten sowie Qualitätsprobleme – meist Bilder – sind im Soll-Ist-Vergleich immer aktuell auf den Gruppentafeln visualisiert und zumeist auch mit Fotos oder ausgestellter „Ausschuss- oder Nacharbeitsware" unterfüttert.

Bei jeder von diesen Standards festgestellten Abweichung erwarten die Führungskräfte die Betätigung des Qualitäts- oder Bandstopps durch den Mitarbeiter selbst. Q-Alarme/Q-Stopps sind eine Selbstverständlichkeit, nicht nur in der Fließfertigung, und werden genutzt, um die Weitergabe von Fehlern an den nächsten Prozessschritt, beispielsweise den internen Kunden, zu vermeiden. Die Entdeckung von Fehlern wird immer belohnt, da Fehler als Hinweise auf Schwachstellen im Arbeitssystem verstanden werden. Die Führungskräfte sind dafür verantwortlich, solche Schwachstellen zu verhindern. Die zuständige Führungskraft löst das Problem, wenn möglich, sofort vor Ort oder sorgt unmittelbar z. B. mittels 5 W-Fragen für nachhaltige Abhilfe. Zur Vermeidung von Fehlern sind z. B. Poka-Yoke-Lösungen konsequent und durchgängig eingesetzt. Auch die permanente Präsenz der Führungskräfte vor Ort dient zur Fehlervermeidung, indem sie die Einhaltung von Standards permanent überprüfen. Dies wird von allen Mitarbeitern nicht als Beobachtung negativ gesehen, sondern im Gegenteil als unterstützende Maßnahme ausdrücklich begrüßt („wir werden hier nicht allein gelassen"). Das Auftreten der Führungskräfte vor Ort ist auch in keiner Weise „von oben herab", sondern bewusst bescheiden, kooperativ und kollegial, auch wenn natürlich die Authorität der Position im Hintergrund vorhanden ist. Ausdruck dieser Einstellung ist die Kleidung, so verfügt nämlich jede Führungskraft über eine Werksuniform, bei höheren Führungskräften, die sich nicht während des gesamten Arbeitstages in der Produktion aufhalten oftmals eine einfache Jacke in einer bestimmten Farbe, die vor Ort immer getragen wird.

Bei allen besuchten Firmen wurde – gefragt oder ungefragt – das Thema Qualität immer als eines der vorrangigsten Ziele genannt. Im Fokus steht dabei nicht nur die vom Endkunden unmittelbar erlebbare Produkt- oder Dienstleistungsqualität, sondern auch die interne Prozessqualität in den einzelnen Unternehmensbereichen über die Bereichsgrenzen hinweg. Vielfach sind Kaizen-Aktivitäten auf die Verbesserung der bereichsübergreifenden Prozessqualität gerichtet und sind immer wieder ein Thema in speziellen Qualitätszirkeln. Verbesserungsaktivitäten erfolgen sehr systematisch und werden durch aktuelle Schwierigkeiten und Probleme ausgelöst oder/und aus übergeordneten Unternehmenszielen abgeleitet. Die Unternehmen haben in der Regel ein zertifiziertes Qualitätsmanagementsystem (ISO 14001 und 9001), wobei in den Werken der Schwerpunkt auf der operativen Qualitätssicherung liegt und davon auszugehen ist, dass die übergeordneten Aufgaben des Qualitätsmanagements von Zentralfunktionen wahrgenommen werden. In den meisten Unternehmen konnten zudem auch umfassende Qualitätsanstrengungen, wie z. B. TQM-Implementierungen, beobachtet werden. Die Umsetzung von TQM-Modellen konnte auch in Deutschland, mittels Umsetzung des EFQM-Modells, belegbare Erfolge in Unternehmen erzielen (vgl. Neuhaus et al. 2010b).

Highlights:

- Konsequentes Reißleinenprinzip, auch in allen indirekten Bereichen (in diesem Fall nicht unbedingt als physisch vorhandene Reißleine, sondern als Mechanismus, der die Weitergabe von Fehlern und Problemen wirkungsvoll verhindert).
- Fehler werden aufgezeigt, um auf Schwachstellen im Arbeitssystem aufmerksam zu machen.
- Bei Qualitätsproblemen unterstützt sofort eine Führungskraft und kümmert sich anschließend um die nachhaltige Abstellung des Fehlers.
- Führungskräfte sind vor Ort präsent und sehen ihre Aufgabe darin, Bedingungen zu schaffen, unter denen ihre Mitarbeiter optimal und reibungslos arbeiten können, um Topqualität zu erzeugen. Auch höhere Führungskräfte, bis zu Vorstandsmitgliedern, halten sich regelmässig in der Produktion, dem eigentlichen Ort der Wertschöpfung auf und sammeln so wertvolle Informationen, die in Berichten und ERP-Systemen nicht vorhanden sind.
- Qualitätssicherungsschritte sind visualisiert.
- Eine hohe Qualität wird durch den Umgang mit den Mitarbeitern erreicht.
- Die Mitarbeiter sind exzellent geschult, um Fehler am Band zu vermeiden.
- Fehler melden wird belohnt.
- Regelmäßige Qualitätsprüfung bei den Zulieferern.
- Technisch werden sehr viele Anstrengungen unternommen, um Fehler zu vermeiden.

3.4 Kaizen – als Kerngeschäft immer noch aktuell und zeitlos

> „Den Horizont zu erweitern, neue Wege zu sehen, Schwerpunkte setzen und umsetzen. Die Reise ist für das Management ein MUSS!" (Norbert Braun, Aesculap AG)

Im Mittelpunkt von Kaizen steht die Verbesserung der wirtschaftlichen Daten. Kaizen ist in den besuchten japanischen Unternehmen ein wahrnehmbarer Bestandteil der Prozessabläufe und dies nicht nur in den Fertigungsbereichen. Dies zeigt sich insbesondere daran, dass die Mitarbeiter z. B. im Rahmen von Arbeitsunterbrechungen zusammensitzen, um

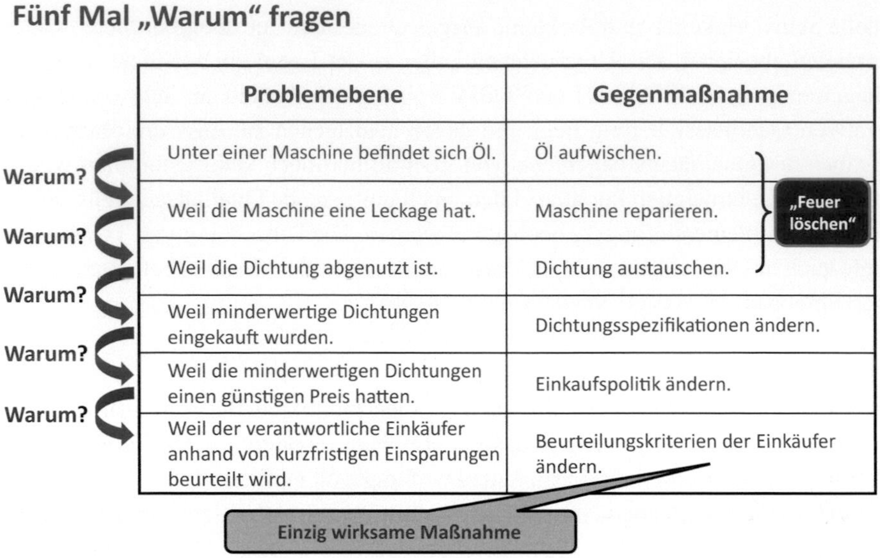

Fünf Mal „Warum" fragen

	Problemebene	Gegenmaßnahme
	Unter einer Maschine befindet sich Öl.	Öl aufwischen.
Warum?	Weil die Maschine eine Leckage hat.	Maschine reparieren.
Warum?	Weil die Dichtung abgenutzt ist.	Dichtung austauschen.
Warum?	Weil minderwertige Dichtungen eingekauft wurden.	Dichtungsspezifikationen ändern.
Warum?	Weil die minderwertigen Dichtungen einen günstigen Preis hatten.	Einkaufspolitik ändern.
Warum?	Weil der verantwortliche Einkäufer anhand von kurzfristigen Einsparungen beurteilt wird.	Beurteilungskriterien der Einkäufer ändern.

„Feuer löschen"

Einzig wirksame Maßnahme

Abb. 3.4 Das Problem nachhaltig abstellen. (Quelle: Peter R. Scholtes, The Leader's Handbook, McGraw-Hill, 1998 (eigene Übersetzung))

Probleme zu besprechen. Hierbei werden Lösungsmaßnahmen abgesprochen und wenn möglich, sofort oder im Verlauf der Schichten umgesetzt.

Methodische Prozessverbesserungen (Abb. 3.4) finden nicht isoliert nur in der Fertigung statt, sondern sind ein integriertes Konzept für alle Abteilungen und Bereiche eines Unternehmens und dienen somit der permanenten Optimierung aller Geschäftsprozesse (vgl. Neuhaus 2010a).

Im Rahmen der Kaizen-Aktivitäten erfolgt die kontinuierliche Detaillierung und Verbesserung der Arbeitsstandards ständig durch die operativen Führungskräfte und Mitarbeiter. Die Arbeitsstandards werden kontinuierlich weiterentwickelt, dokumentiert und sind immer aktuell, wobei durchaus ein hoher Detaillierungsgrad angestrebt wird. Hierfür ist eine kontinuierliche Datenerfassung und Aktualisierung erforderlich.

Verbesserte Produktivitätsstandards fließen automatisch in neue Leistungs- und Zeitstandards ein. Für alle Personen im Unternehmen sind die Veränderungen von Leistungsstandards „normal" und ein deutlicher Schwerpunkt des Kerngeschäftes von Führungskräften.

Mitarbeiter, die im Rahmen von Kaizen-Maßnahmen „freigestellt" werden, werden oft zu Kaizen-Experten ausgebildet, um dann vor Ort den Verbesserungsprozess weiterhin zu unterstützen. Allerdings kommen nur die besten Mitarbeiter in den Kaizen-Pool, da diese Rotation auch eine Maßnahme zur Personalentwicklung ist. Durch Verbesserungsmaßnahmen hervorgerufene Personalüberhänge, werden über Zeitarbeitskräfte und nicht in der Stammbelegschaft abgebaut.

Der Begriff Rationalisierung ist im Zusammenhang mit den Kaizen-Aktivitäten nicht negativ belegt. Die Kaizen-Aktivitäten werden eher als eine „sportliche" Herausforderung für alle Mitarbeiter betrachtet. Dies wird bereits bei der Ausbildung und im Verlauf von Qualifizierungsmaßnahmen „trainiert". Aufgrund meist ausgereifter Arbeitssysteme werden viele kleine Verbesserungen durch die Mitarbeiter eingebracht.

Die Konzentration auf Wertschöpfung durch das gesamte Unternehmen hindurch ist in allen Prozessen der Unternehmen verankert. So dienen die Methoden der ergonomischen Arbeitsgestaltung neben dem Gesundheitsschutz ebenso der Vermeidung von nicht wertschöpfenden Arbeitsinhalten.

Deutlich erkennbar ist, dass sich das gesamte Management der Unternehmen für Verbesserungen verantwortlich zeigt und selbst konkret in den entsprechenden Projekten mitarbeitet. Impulse und Ideen der Mitarbeiter werden vom Management zwingend aufgegriffen und umgesetzt. Die Mitarbeiter haben insbesondere die Aufgabe, die Projektergebnisse auszuprobieren, umzusetzen und Feedback zu den Ergebnissen zu geben.

Für die Durchsetzung und kontinuierliche Verbesserung von Standards verfügen Führungskräfte sowohl über ein hohes Prozessverständnis als auch über eine hohe Kompetenz in der Anleitung von Problemlösungen im Team. Diese Fach- und Methodenkompetenz wird permanent geschult. Die erfolgreiche Anwendung ist auch die Grundlage der persönlichen Weiterentwicklung. Die für die prozessbezogenen Kaizen-Aktivitäten erforderliche „Problemlöse-/Sozialkompetenz" wird überwiegend unter Anleitung von operativen Führungskräften „on the job" erworben. Diese sind hinsichtlich des erforderlichen Kommunikationsstils („sokratischer Fragestil") und systematischer Problemlösungstechniken geschult.

Unterstützt und angeregt wird das Kaizen durch eine Vielzahl von Symbolen, wie zum Beispiel durch die ausführliche Darstellung von Verbesserungsmaßnahmen an Visualisierungswänden.

Highlights:
Es ist das stetige Streben aller Personen nach Perfektion in den Prozessen erlebbar. Insbesondere der Weg über Low-Cost-Lösungen, jedoch mit hoher Effizienz, ist bemerkenswert. Es werden häufig aufwendige technische Lösungen durch einfache organisatorische Maßnahmen kompensiert.

Überblick über die Kaizen-Aktivitäten eines ganzen Werkes inklusive der Zielsetzungen, die geplanten Projekte und die Ausrichtung der Bereichsaktivitäten.

Klare nachvollziehbare Visualisierung der Ziele, der geplanten Projekte und Kaizen-Ergebnisse (Fotos vorher/nachher, Angabe der eingesparten Zeit usw.).

- Kaizen-Ergebnisse werden nicht nur anhand eines Formblatts visualisiert, sondern es werden die erstellten Formblätter auch als Schulungsunterlagen verwendet.
- Grundsätzlich gilt für alle Kaizen-Maßnahmen ein japanisches Sprichwort, etwas frei übersetzt: lieber schnell und nicht hundertprozentig, als perfekt und ewig warten.
- Verantwortlich für den Verbesserungsprozess sind die Führungskräfte auf allen Führungsebenen. Komplexe und bereichsübergreifende Probleme werden durch Experten-

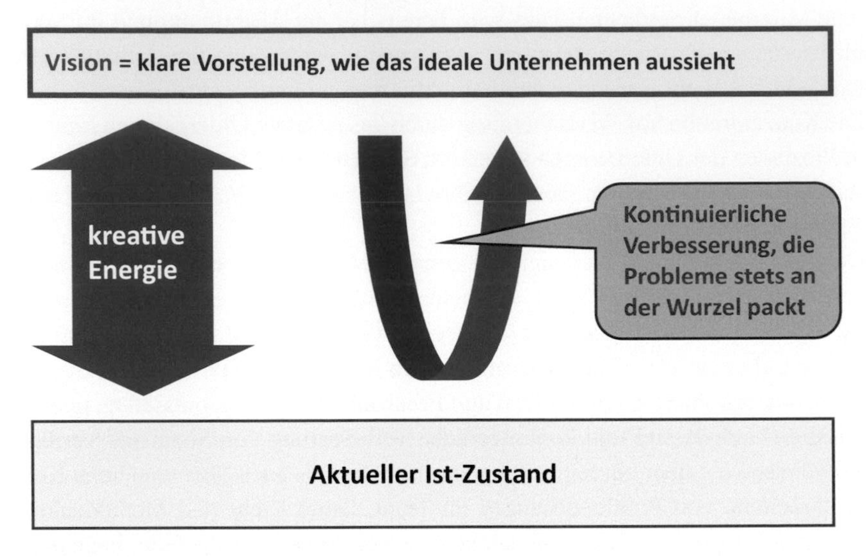

Abb. 3.5 Die Vision erzeugt kreative Energie

teams im Rahmen des Projektmanagements bearbeitet. Kaizen, wie es in Japan bei exzellenten Unternehmen gelebt wird, bedeutet explizit nicht; dass sich das Management zurück lehnt und die Mitarbeiter die Prozesse verbessern sollen. Kaizen ohne die verantwortliche und kompetente Führung durch das Management funktioniert nicht, dies wurde bei allen besuchten Unternehmen so formuliert.

- Die Mitarbeiter weisen auf Probleme, Schwierigkeiten und Abweichungen vom Standard hin und die Führungskräfte sorgen für Verbesserung.
- Das Erkennen von Abweichungen und die damit verbundenen Verbesserungspotenziale durch laufende Beobachtung und Begleitung der Prozesse ist eine der wesentlichsten Aufgaben der Führungskräfte und ermöglicht eine sofortige Reaktion bei Abweichungen oder Störungen.
- Kaizen und das tägliche Abweichungsmanagement (Abb. 3.5) ist ein permanenter Lernprozess der durch die Führungskräfte initiiert und angetrieben wird.
- Die tägliche Arbeit konzentriert sich auf die Lokalisierung und nachhaltige Beseitigung von Verschwendung und die Steigerung der Wertschöpfung in den Arbeitsprozessen und bereichsübergreifender Schnittstellen.
- Fehler sind Hinweise auf ein nicht perfektes Arbeitssystem und die Entdeckung dieser Fehler wird dahingehend belohnt, dass sich die Führungskräfte bei den Mitarbeitern für die Entdeckung bedanken!
- Die Entwicklung der Fähigkeit, viele kleine Verbesserungen zu managen, führt zu einer „Experimental"-Kultur und zum lebenslangen Lernen.
- Die Effizienz des Kaizen wird nicht über mehr Qualifizierung, sondern durch mehr Führung erreicht.

3.5 Standardisierung als Basis guter Ergebnisse

„Zum Ausbildungsinhalt einer Führungskraft sollte dieser Teil dazu gehören.“ (Thomas Klingfurt, GEA AWP GmbH)

Eine konsequente Standardisierung (Abb. 3.6) ist die Basis für einen nachhaltigen und effizienten Verbesserungsprozess. Arbeitsplätze und Arbeitsprozesse sowie Führungsinstrumente werden in den besuchten Unternehmen akribisch beschrieben und visualisiert. Die unterste Führungsebene, in der Regel als Hancho oder in letzter Zeit auch immer öfter als Teamleader bezeichnet, legt gemeinsam mit der Planungsabteilung die Arbeitsstandards in Abstimmung mit den Mitarbeitern fest. Die Einhaltung der Standards hinsichtlich Qualität, Menge und Zeit hat hierbei oberste Priorität. Nicht erfüllte bzw. eingehaltene Standards werden in der Regel nach Schichtende nachgeholt bzw. diskutiert. Es gilt das Bewusstsein für die Erfüllung der Arbeitsvorgaben zu stärken.

Verbesserte oder veränderte Produktivitätsstandards fließen unmittelbar in neue Leistungs- und Zeitstandards ein. Die Veränderung von Leistungsstandards ist ein normaler Vorgang und wesentlicher Bestandteil des Kerngeschäfts. Alle Kennzahlen (Qualität, Menge, Zeit) und Problemstellungen sind in der Regel bereichsübergreifend standardisiert und werden auf Kennzahlentafeln in Form eines Soll-Ist-Vergleichs visualisiert. Darüber hinaus ist es nicht ungewöhnlich, wenn auf diesen Tafeln oder auf anderen Tafeln in an-

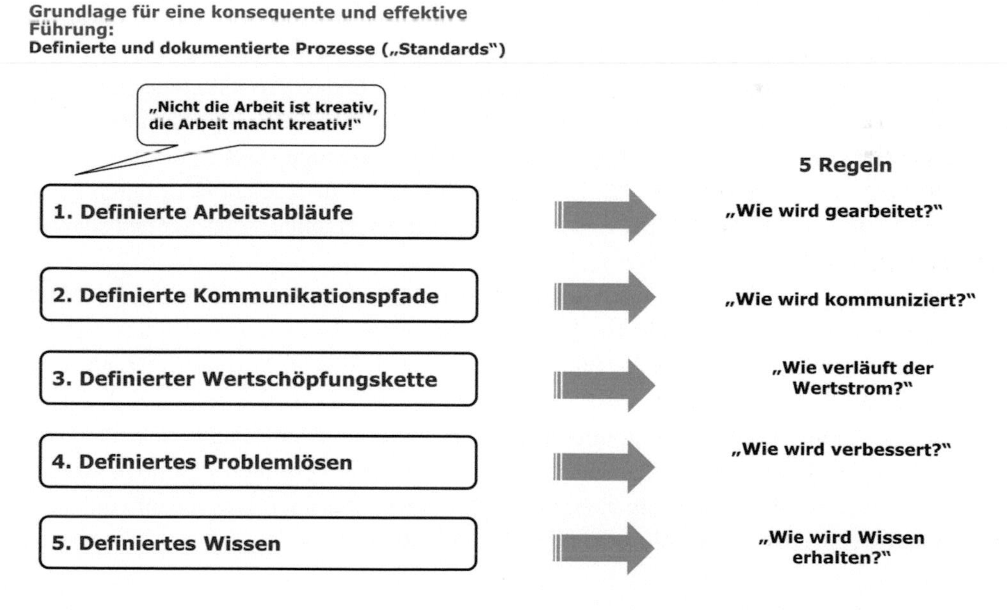

Abb. 3.6 Keine guten Prozesse ohne klare Definitionen. Angelehnt an: Steven Spear, Kent Bowen: Decoding the DNA of the Toyota Production System, Harvard Business Review, Sept. – Oct. 1999, ergänzt von Hans-Jürgen Classen

grenzenden Bereichen ebenso individuelle Jahresziele, Leistungsstandards, Abwesenheiten, Verbesserungsvorschläge der einzelnen Mitarbeiter und Führungskräfte veröffentlicht werden. Vor den Kennzahlentafeln finden regelmäßige tägliche Besprechungen statt, in denen stets die Abweichungen vom Soll-Standard besprochen und ggf. Lösungsansätze diskutiert werden. Diese Besprechungen finden in der Regel außerhalb der Arbeitszeit in den Pausen oder zwischen den Schichten statt.

Unternehmensziele werden über die Hanchos, als vorgegebener Leistungsstandard, bis auf die Gruppen heruntergebrochen. Die Vorgabe „harter" Leistungsstandards, z. B. 5 bis 10 % Produktivitätssteigerung/Jahr, wird bis auf Gruppenebene verfolgt und stellt einen sehr deutlich ausgeprägten Prozess dar. Erfolge oder Misserfolge haben direkten Einfluss auf das Entgelt und die Personalentwicklung.

Highlights:

- Disziplinierte Einhaltung von Standards, wie z. B. konsequente 5 S-Anwendung, führt zu hoher Transparenz und Stabilität der Prozesse und Arbeitssysteme.
- Erlebbares Bewusstsein, Motivation und Leidenschaft bei Mitarbeitern und Führungskräften hinsichtlich der Einhaltung und Weiterentwicklung von Standards.
- Qualitätszirkel und morgendliche Regelkommunikation zur Absicherung und Verbesserung von Standards.
- Es werden alle Arten von Prozessen und Ergebnissen visuell und standardisiert dargestellt. Dazu gehören u. a. die Qualität, das Policy Deployment, die Problemlösung (Ishikawa-Diagramme), Value Stream Maps, Layouts mit Mitarbeiterzuordnung (inkl. Qualifikation), Bodenmarkierungen, Messwerkzeuge mit Farbzuordnung sowie die Selbstdarstellung und Qualifikation der Mitarbeiter und Führungskräfte.
- Es werden, wo möglich, konsequent Standard-Units und vorkonfektioniert bereitgestellte Materialien verbaut, die eine Heranführung an die Fließfertigung möglich machen, da sich hierdurch ein verbesserter Materialfluss erzeugen lässt.
- Bestehende Standards, wie z. B. Bewegungsabläufe, werden regelmäßig durch Fachexperten und Führungskräfte exakt analysiert, verbessert und ggf. wieder neu standardisiert.
- Qualitätsstandards mit Richtig-falsch-Bildern und Qualitätskennzahlen sind die Regel. Problemlösungsprozesse werden konsequent in allen Unternehmensbereichen durch Q-Stopp initiiert. Die Methode Poka Yoke findet zudem auch in allen Unternehmensbereichen Anwendung.
- Allen Führungskräften wird in ihrer langen, vor allem auf Mentoring beruhenden Ausbildung im Unternehmen die Bedeutung von Standards vermittelt und diese werden in ihrer Berufspraxis mit sehr hoher Disziplin gelebt. Ad-hoc-Management auf Basis falsch verstandener persönlicher Autorität gibt es nicht.

3.6 Zielgerichtete und bedarfsgerechte Qualifikation als Voraussetzung

„Die Reise, vor allen Dingen in Japan, war beeindruckend und es hat mir gezeigt wie weit wir von dem was erreicht werden kann wirklich entfernt sind. Andrerseits hat es mir klar aufgezeigt, dass gewisse Schwerpunkte wie Standardisierung, Qualifizierung der Mitarbeiter und Fehlererkennung und -beseitigung die richtigen Themen sind um sich zu verbessern und den Standort zu sichern.“ (Markus Knecht, B. Braun Medical Industries)

Die meisten Schulabsolventen kommen mit einer sehr breiten allgemeinen Grundausbildung, d. h. etwa deutsches Abitur-Niveau, in die Unternehmen. Die Ausbildung neuer Mitarbeiter erfolgt in der Regel vor Ort durch ältere und erfahrene Mitarbeiter oder durch die direkten Vorgesetzten und ist in den meisten Firmen für die operativen Bereiche rein arbeitsplatzbezogen. Dies bewirkt langfristig eine sehr umfangreiche horizontale Ausbildung und führt zu einer höheren Bindung an das Unternehmen bzw. Abhängigkeit der Mitarbeiter von dem Unternehmen und erschwert oft den Wechsel in ein anderes Unternehmen.

Allerdings bestehen in den Unternehmen klar definierte Karrieremöglichkeiten, wobei diese Karrierepfade zeitlich sehr gestreckt sind. Zum Beispiel wird die unterste Führungsebene erst nach ca. 7 bis 10 Jahren erreicht, aber auch nur dann, wenn man sich an den Verbesserungsaktivitäten intensiv beteiligt hat und im Verbesserungsprozess nachhaltige Erfolge aufweisen kann. Die Leitung einer Produktionslinie bzw. eines Produktionsbereichs erfordert in der Regel 15 bis 20 Jahre entsprechende Produktionserfahrung. Diese Vorgehensweise findet sich allerdings auch in den administrativen Bereichen.

Eine Ausbildung zum „Facharbeiter“ dauert in der Regel ein Jahr. In den folgenden Jahren kann sich der Mitarbeiter auf ein höheres Facharbeiterniveau qualifizieren, wobei oftmals das Rotationsprinzip angewendet wird. Jede hoch qualifizierte Fachkraft wird von mehreren weniger qualifizierten Fachkräften unterstützt.

Erfahrene ältere Mitarbeiter werden oft für anspruchsvolle Tätigkeiten, wie z. B. als Springer oder Trainer eingesetzt. Erfüllen Mitarbeiter unabhängig vom Alter die Leistungserwartungen nicht mehr, bekommen sie die Chance, sich für andere Tätigkeiten zu qualifizieren. Stammmitarbeiter haben in der Regel Arbeitsverträge für die Lebensarbeitszeit.

Die Qualifikation von Mitarbeitern konzentriert sich neben der eigentlichen Arbeitsausführung und arbeitsplatzspezifischer Fähigkeiten auch auf Problemlösungstechniken und -fähigkeiten, deren Anwendung von Führungskräften vor Ort moderiert, vermittelt und mit den Mitarbeitern gemeinsam ausgeführt wird. Es herrscht beim stetigen Streben nach Verbesserungen ein „sportliches“ Wettbewerbsklima unter den Gruppen. Weitere Schwerpunkte in der betrieblichen Qualifikation ist die Vermittlung der Fähigkeit, vernetzte Prozesse zu erkennen und auftretende Probleme auf Ursachen zurückzuführen.

Fachliche (u. a. TPM) und überfachliche Qualifikationen (u. a. Teamarbeit) erfolgen oftmals in Nachmittag- oder Abendkursen. Qualifikation ist eine Weiterentwicklungschance, die zumeist außerhalb der Arbeitszeit wahrgenommen wird.

Highlights:

- Es werden zumeist alle Mitarbeiter intern im Unternehmen ausgebildet. Es werden z. B. tägliche Meetings zur Problembesprechung und -lösung durchgeführt. Weiterbildung und die Festigung der Qualifikation wird u. a. durch tägliches Kaizen getrieben, d. h. der ständigen Suche nach Verschwendung. Die Qualifikationsaktivitäten und die Umsetzung werden intern organisiert.
- Ausbildung erfolgt maßgeschneidert im Betrieb und ist punktgenau auf die Bedarfe des Unternehmens zugeschnitten.
- Karriereentwicklung ist ausgerichtet an der Philosophie des Unternehmens und erfolgt über Erfahrungsjahre in Steps definiert (5, 10, 15, 20 Jahre).
- Durch die Gliederung/Standardisierung der Abläufe (Vereinfachung/Transparenz) ist der Einsatz von Zeitarbeitnehmern möglich (teilweise bis zu 80 % Anteil, siehe oben).
- Erhalt der Qualifikation erfolgt auch durch ständige Überprüfung/Nutzung von Standards, der Nutzung einer Qualifikationsmatrix (öffentlich) und Führungskräfte, die mit den Mitarbeitern Verbesserungen durchführen.
- Dem Mentoring durch Vorgesetzte und ältere Mitarbeiter kommt eine besondere Bedeutung zu, da man sich bewusst ist, dass Know-how in vielen Fällen implizit ist und nur von Mensch zu Mensch durch praktische Erfahrung vermittelt werden kann.
- Jede Führungskraft bekommt Training, um die Zusammenhänge im Produktionsprozess vom Lieferanten zum Kunden besser zu verstehen.
- Durch systematischen Arbeitsplatzwechsel im Rahmen einer Personalentwicklungsmaßnahme wird ein hohes Prozesswissen erzeugt.
- Die Führungskräfte geben ihr Wissen konsequent an die Mitarbeiter weiter und leiten ggf. Weiterbildungsmaßnahmen ein.
- Sichtbare Reduzierung von Komplexität, um ein natürliches und beherrschbares Arbeitsumfeld für die Mitarbeiter zu gewährleisten.

3.7 Gesunde Arbeitsplatzgestaltung und -organisation

„Die Reise war sehr positiv und lehrreich. Wir haben die besten Firmen in China und Japan gesehen und haben festgestellt, dass wir uns in Deutschland auf unseren Erfolgen nicht ausruhen dürfen, sondern ständig nach Verbesserungen streben müssen. Dies werden wir auch schaffen!“ (Steffen Schmid und Richard Schmohl, GEA Group)

„Bei den Unternehmensbesuchen und in den Feedbackrunden habe ich viel gesehen und gelernt. Besonders fasziniert haben mich dabei die vielfältigen Unternehmenskulturen. Durch Werte (Respekt, Vertrauen, Bescheidenheit …) und Kommunikation gelingt es, die Mitarbeiter so zu motivieren, dass sie Arbeit als wichtigen Teil des Lebens und nicht nur als notwendiges Übel ansehen. Dadurch können TPS & Co. konsequent umgesetzt werden und es wird voll konzentriert gearbeitet.“ (Christian Elbe, G. Elbe Holding GmbH & Co. KG)

In nahezu allen besuchten japanischen Unternehmen konnte festgestellt werden, dass komplexe Maschinen und Anlagen immer mehr durch technisch einfach beherrschbare Lösungen ersetzt werden. Dies umfasst in vielen Bereichen u. a. den Verzicht auf neueste Technologien, die u. U. als nicht ausreichend ausgereift und damit nicht problemlos beherrschbar eingeschätzt werden. An oberster Stelle steht immer die Prozesssicherheit bzw. -stabilität.

Verschwendungsarme Prozesse werden nicht nur durch eine technologische Betrachtung ermöglicht, sondern auch durch eine sinnvolle Arbeitsgestaltung. So werden nicht wertschöpfende Tätigkeiten aus dem Tätigkeitsumfang eliminiert, sodass sich die Mitarbeiter auf die eigentliche wertschöpfende Kernaufgabe konzentrieren können. Dadurch wird eine hohe Prozessstabilität und in der Folge durch diese robusten Prozesse auch eine hohe nachhaltige Prozesssicherheit und Produktivität erzielt.

Die Arbeitsplätze sind ergonomisch in der Regel auf einem hohen Niveau und auch Gegenstand des Verbesserungsmanagements. Hierbei wird immer eine ganzheitliche Wirtschaftlichkeitsbetrachtung der vorgeschlagenen Maßnahmen durchgeführt. Die umgesetzten Maßnahmen, oft hocheffiziente Einfachstlösungen, kommen über „kleine" Vorschläge häufig von den Mitarbeitern selbst. Im Bereich der Materialbereitstellung werden z. B. statt unflexiblen fest verankerten Regalen überwiegend die hochflexiblen Creform-Systeme eingesetzt, die auf diese Weise eine flexible Ausgestaltung des Arbeitssystems ermöglichen.

Trotz kurzer Taktzeiten und hohen Wertschöpfungsanteilen wirken die Arbeitsabläufe sehr harmonisch und ausgeglichen und gewährleisten dadurch eine nachhaltige Arbeitsqualität. Die Rotation zwischen verschiedenen wertschöpfenden, prozessgebundenen Tätigkeiten wird aus Gründen der Ergonomie und erforderlichen Einsatzflexibilität von den Führungskräften gesteuert und ist auch eine Maßnahme zur langfristigen Personalentwicklung. Eine Rotation in nicht wertschöpfende, takt- und prozessunabhängige Tätigkeiten wird aufgrund möglicher Qualitätsprobleme vermieden. Die Mitarbeiter in den wertschöpfenden Tätigkeiten sind vor allem körperlich fitte, leistungsfähige Arbeitskräfte, die sehr gut trainiert sind und die auszuführenden Tätigkeiten mental verinnerlicht haben. Weniger leistungsfähige Mitarbeiter werden gezielt in nicht-wertschöpfenden, in vielen Fällen takt- und prozessunabhängigen Tätigkeiten eingesetzt. Die Rotation innerhalb einer Gruppe ist jedoch begrenzt. Es rotieren in der Regel nur die Stammmitarbeiter mit langjähriger Arbeitserfahrung. Die besuchten japanischen Unternehmen übernehmen eine große Verantwortung gegenüber der Stammmannschaft und sind sehr bemüht, arbeitsplatzbedingte Gesundheitsgefahren zu vermeiden. Mitarbeiter mit temporären Leistungseinschränkungen bekommen jegliche Unterstützung sich, wieder auf das erforderliche Leistungsniveau zu entwickeln oder die Chance, sich für eine andere Tätigkeit zu qualifizieren.

Highlights:

- Konsequente und disziplinierte Umsetzung von Arbeitsplatzstandards z. B. mittels 5 A/5 S.
- Benchmarks im Bereich Arbeitsgestaltung und entsprechende Beharrlichkeit (mindestens seit 5 Jahren 5 A/5 S in der Anwendung und Weiterentwicklung).

- Die Wirksamkeit und das Zusammenspiel von gelebten Arbeitsplatzstandards, den Mitarbeitern und der Prozesse.
- Der Nutzen und die Ausgestaltung von rüst- und instandhaltungsoptimierten Arbeitssystemen.
- Die Anwendung des Reißleinenprinzips nicht nur in der Montage, sondern an Maschinen einer Werkstattfertigung.
- Wertschöpfung als der zentrale Gedanke bei der Ausgestaltung von Arbeitssystemen. Klare Trennung zwischen wertschöpfenden und nicht wertschöpfenden Tätigkeiten, keinerlei Vermischung zur Vermeidung von Qualitätsproblemen. Stichwort: die geeignetsten Mitarbeiter für den jeweiligen Job.
- Ergonomie und Arbeitssicherheit sind kein Zufall, da sie sich aus beschriebenen und penibel eingehaltenen Abläufen ergeben.
- Ganzheitliches Prozessverständnis im gesamten Unternehmen, wodurch sich niedrige Kosten in der Produktion und anderen Bereichen ergeben.
- Arbeitsplatzorganisation und –gestaltung, die Instandhaltung und TPM, unabhängig ob Lowtech-Lösungen oder Hightech-Lösungen, gut unterstützt.
- Sicherung und Schaffung auch „einfacher" Arbeitsplätze.
- Komplexe Arbeitsprozesse werden in für die Mitarbeiter überschaubare Arbeitsschritte gefasst, die im Rahmen der ständigen Verbesserung gemeinsam mit dem Mitarbeiter weiterentwickelt werden.
- Vermeidung von unbeherrschbaren Prozessen, die z. B. durch Automatisierung geschaffen wurden.
- Die unterste Führungsebene ist nicht gewählt, sondern wird vom Unternehmen ernannt und entsprechend ausgebildet.
- „Jobenlargement" und „Jobenrichment" sind nicht gewollt, um Qualitäts- und Produktivitätsproblemen vorzubeugen. Funktionalität geht vor Schönheit.

3.8 Funktionierende Logistik – Waren im Fluss

> „Sehr positiver Gesamteindruck, da man das TPS meiner Meinung nach nur glauben kann, wenn man es in Perfektion gesehen hat. …mein eigener Nordstern!" (Christoph Baumann, Allweiler GmbH)

Angestrebtes Ziel aller Firmen ist die Realisierung eines intelligenten, aber einfachen Logistik-konzepts in enger Anlehnung an das Toyota-Produktionssystem unter Verwendung zum Beispiel von Kanbans (Karten). Die Kanban-Systematik steuert nicht nur interne Logistikprozesse, sondern auch die Materialströme der vorgelagerten Lieferanten und die Auslieferung der fertigen Produkte zum Vertrieb oder Kunden. Bemerkenswert sind die relativ häufigen Anlieferungen der Zulieferanten mehrmals pro Schicht in klar definierten Stückzahlen, Behältern und Abstellflächen innerhalb und außerhalb der Werkhallen. Die gesamte Logistik funktioniert wie der Betrieb eines Verkehrsunternehmens, mit genau de-

Abb. 3.7 LKW mit „Gullwing" Aufbau für die schnelle Be- und Entladung

finierten An- und Abfahrtszeiten sowie Haltepositionen für die einzelnen Fahrzeuge. Die Lieferfahrzeuge sind über beidseitige „Gullwing-Öffnungen" (Abb. 3.7) so konzipiert, dass das Entladen sehr schnell gleichzeitig auf beiden Seiten erfolgen kann.

Wichtige logistische Grundprinzipien aller besuchten Firmen waren: Ein durchgängiger „Pull-Prozess", permanenter Produktionsfluss (Ziel: „One Piece Flow"), Anlieferung „Just in Time" bzw. „Just in Sequence", Setbildung, „Pick by Light". Alle Logistikprozesse werden über Kanbans gesteuert, wobei in den letzten Jahren vermehrt E-Kanbans (digitale Kanbans) zum Einsatz kommen. Vorsicht jedoch: alle Unternehmen betonten, dass der Einsatz von E-Kanbans erst dann eingeführt wird, wenn viele Jahre praktische Erfahrungen mit physisch existierenden Kanbans vorliegen und alle Mitarbeiter begriffen haben, dass Kanban-Karten im Prinzip nichts anderes sind als Banknoten, mit anderen Worten, dass ein bestimmter Wert hinter ihnen steht, der für das Unternehmen von Bedeutung ist. „Sie würden Ihren Kindern ja auch keine Kreditkarte in die Hand drücken, wenn sie noch nicht mit Geld umgehen können", war die Anwort in einem Unternehmen, warum man „erst so spät" E-Kanbans einsetze. Darüber hinaus wurde beobachtet, dass innerhalb der Produktion selbst in den allermeisten Unternehmen nach wie vor physisch existierende Kanbans eingesetzt werden und E-Kanbans nur zwischen den Abnehmerwerken und den Zulieferern zum Einsatz kommen, um den Informationsfluss über Entfernungen schneller gestalten zu können. Der Einsatz von fahrerlosen Transportsysteme (FTS) erfolgt nur dort, wo die Produktionsprozesse stabil sind. Folgende Ziele werden durch diese Logistiksysteme konsequent verfolgt: Minimierung der Durchlaufzeit, Minimierung der Lagerbestände, minimaler Invest in Logistikequipment bzw. Produktionssysteme und Intensivierung einer effizienten Kommunikation (Einsatz Mensch, Einsatz System). Die Vision lautet: Das Material fließt ohne Stillstand und Zwischenlagerung durch die Fabrik und ist zum richtigen Zeitpunkt in der richtigen Menge am richtigen Ort.

Die Steuerung der Logistikprozesse per Kanban, mit anderen Worten das Management der Kanbans über Sortier- und Verteilungssysteme bzw. die EDV erfolgte durch ein speziell geschultes Personal. Auffällig in allen Werken war ein durchgängig organisiertes Supermarktsystem mit klar definierten Beständen. Die Lagerbestände in den Supermärkten der Teil- bzw. Fertigprodukte waren auffallend gering, Bestände waren oft nur für wenige Stunden/Minuten ausgelegt. Die Supermarktbestände werden laufend optimiert bzw. den Anforderungen des Kunden angepasst. Als Herausforderungen wurden die Ausbringung/Verfügbarkeit und Rüstzeiten der Produktionsanlagen genannt. Auch Materialbestände direkt in den Fertigungslinien sind stark optimiert und werden permanent den Rahmenbedingungen angepasst. Nach Entnahme des vorletzten bzw. letzten Teils durch den Werker am Fertigungsband erfolgte minutengenaues Auffüllen über die Logistik.

Auffallend waren in den meisten Unternehmen ein großzügiges Platzangebot zwischen den Fertigungslinien für Transportsysteme (inkl. Koppel-, Park- und Wendebuchten) sowie ein durchgängiger Einsatz von Gestellen mit geneigter (Nutzung der Schwerkraft) Zuführung der Materialien auf Rollbahnen zum Fertigungsband (einfachste Bauart, Creform-System, low-invest). Das Auffüllen der Materialgestelle erfolgte nach einem klar vorgegebenen Zeitplan, der minutengenau eingehalten wird. Die Belieferungszyklen können je nach Fertigungsprinzip und Arbeitsinhalten unterschiedlich sein.

Die Optimierung der Logistikprozesse erfolgt bis hin zum Transportunternehmen der Fertigprodukte. Der Fahrer eines Lieferfahrzeuges wartet nicht bis zur Beladung seines Fahrzeugs, sondern wechselt entweder nach Ankunft mit dem leeren Lkw auf einen bereits beladenen Lkw und transportiert die Teile unmittelbar und ohne Wartezeit zum Kunden, oder bedient selbst einen bereit gestellten Gabelstapler um seinen Lkw selbst zu beladen (dies ist der Regelfall). Die Lieferanten (Schwerpunkt lokale Partner) werden intensiv in die Gestaltung des Logistikprozesses eingebunden, wobei ein hohes Vertrauen in 100 %ige Qualität bei der Anlieferung vorliegt und in der Regel auf eine Eingangskontrolle verzichtet werden kann.

Die starke Anbindung zwischen dem Kunden und dem Lieferanten lässt eine permanente Optimierung der Logistikprozesse zu. Die Auswirkungen dessen sind geringe Fertigwaren- und Teilebestände, sowie eine minutengenaue Anlieferung. Jeder Lkw-Fahrer ist beispielsweise mit einer Schaltzentrale verbunden, die aktuelle Verkehrsmeldungen beobachtet und ggf. Alternativstrecken für den Fahrer vorgibt.

Zusammenfassend lässt sich sagen, dass mit dem Einsatz logistischer Methoden ein hoher aber effektiver Aufwand mit dem Ziel der Produktionsglättung betrieben wird. Den Takt gibt immer der interne/externe Kunde vor (Pull-Prinzip), wobei kleinste Losgrößen an der Tagesordnung sind und immer die Losgröße 1 als Vision angestrebt wird, was wiederum eine sehr hohe Prozesssicherheit und -stabilität in den Produktions- oder Dienstleistungsprozessen erfordert. Toyota fährt derzeit Versuche, nicht wertschöpfende Logistikwege innerhalb der Werkhalle mit Wertschöpfung aufzufüllen, indem beispielsweise ein Monteur auf einem fahrenden FTS Vormontagen durchführt. Auch hier wird permanent experimentiert mit dem Ziel „derzeit notwendige“ Verschwendung zu minimieren.

Highlights:

- Die Wirkung langjährig gelebter Just-in-Time-Philosophie auf Seiten der Lieferanten und Kunden.
- Stringent vernetzte Systeme aus den Elementen 5S, Materialfluss, Kanban, Produktionssteuerung, Kunden und Lieferanten.
- Die Transparenz der Prozesse wird besonders durch Werkerselbstprüfung beim Lieferanten angestrebt und hervorgehoben, um den Prozess zu sichern und zu beschleunigen.
- Die Auswirkungen eines partnerschaftlichen Aufbaus von Lieferanten im Umkreis, einer partnerschaftlichen Zusammenarbeit (Termin, Qualität, Preis), einer exakten Produktionsplanung (auch für die Zulieferanten) und einer aufwendigen Logistikbetreuung (Lieferanten, Werk, Spedition) werden erlebbar.
- Die Vorteile einer starken Einbeziehung der Lieferanten (Schwerpunkt lokale Partner) werden sichtbar, woraus sich ein hohes Vertrauen in 100 %ige Qualität der Anlieferung ergibt.
- Intern lässt sich erkennen, dass im administrativen Bereich ein hoher Aufwand mit dem Ziel der Produktionsglättung betrieben wird. Den Takt gibt der interne/externe Kunde vor (Pull-Prinzip). Deshalb sind kleine Losgrößen an der Tagesordnung, jedoch wird die Losgröße 1 als Vision ausgegeben, mit dem Ziel, eine zu hohe Prozesssicherheit erreichen.
- Basis ist der systematische Aufbau und die langfristig angelegte Zusammenarbeit mit Zulieferern, die oft auch durch eine Kapitalbeteiligung, in der Regel keine Mehrheitsbeteiligung, getragen wird. Zulieferer erhalten von Toyota fachliche Unterstützung, die kostenlos von speziell vorhandenen Abteilungen angeboten wird und deren Ergebnisse nicht direkt an den Einkauf kommuniziert werden.

Literatur

Dörich J, Neuhaus R (2009) Führung und Unternehmenskultur. Industrial Engineering 4:14–18

Neuhaus R (2010a) Flexible Standardisierung im Produktionssystem. Industrial Engineering 4:12–15

Neuhaus R, Schat H-D, Lay G, Jäger A, Mueller T (2010b) Betriebe erfolgreich zur Exzellenz führen. Leistung und Lohn. Heider, Bergisch-Gladbach

Reiseteilnehmer im Interview

4

Ralf Neuhaus, Jürgen Dörich und Hans-Jürgen Classen

Um den langfristigen Nutzen und die gewonnenen Erkenntnisse der Japanreisen abzuschätzen, wurde das nachfolgende Interview mit Teilnehmern von bereits vor einiger Zeit erfolgter Studienreisen geführt. Ziel war es herauszufinden, welche Erkenntnisse die Reiseteilnehmer gewonnen haben und welche Veränderungen dies in den einzelnen Unternehmen nachhaltig ausgelöst hat. Das Interview wurde von Prof. Dr. Ralf Neuhaus und Jürgen Dörich durchgeführt (Abb. 4.1).

1. Ist die japanische Kultur eine grundsätzliche Voraussetzung für den Erfolg der „Toyota-Philosophie" im Unternehmen?

Thede: Gute Beispiele zeigen weltweit, dass diese Philosophie überall übertragbar ist. Dies hat nichts mit japanischer Mentalität zu tun, denn diese Grundsätze sind auch in anderen Unternehmenskulturen anwendbar. Es geht darum, Arbeit einfacher und strukturierter durchzuführen, indem Verschwendung eliminiert wird. Im Ausbildungszentrum von Toyota sieht man, wie die Mitarbeiter vor dem Antritt ihrer Tätigkeit „fit gemacht" werden, damit sie in diesem System eine gute Arbeit machen können.

R. Neuhaus (✉)
Hochschule Fresenius, Düsseldorf, Deutschland
E-Mail: neuhaus@hs-fresenius.de

J. Dörich
Südwestmetall, Stuttgart, Deutschland
E-Mail: doerich@suedwestmetall.de

H.-J. Classen
Aims Japan Co., Ltd, Tokio, Japan
E-Mail: classen@aimsjapan.co.jp

Institut für angewandte Arbeitswissenschaft e. V. (Hrsg.), *Lernen von den Weltbesten*, ifaa-Edition, DOI 10.1007/978-3-662-46096-2_4

a

b

c

d

e

f

Abb. 4.1 **a** Mario Trunzer, Geschäftsführer/CFO, Fa. Liebherr-Werk Ehingen GmbH #S, **b** Thomas Schmidt, Werkleiter/Director Operations, Fa. E.G.O. Elektro-Gerätebau GmbH#S, **c** Dr. Ing. Dirk Mackau, Verbandsingenieur, NORDMETALL, Verband der Metall- und Elektroindustrie e. V. #S, **d** Reiner Thede, Geschäftsführer, Fa. ERBE Elektromedizin GmbH#S, **e** Christian Wehrle, Chief Production Officer, Fa. BITZER SE#S, **f** Dr. Joachim Schulz, Mitglied des Vorstands, Fa. Aesculap AG#S, **g** Bernhard Böck, Geschäftsführer, Fa. myonic GmbH#S, **h** Detlef Reisener, Verbandsingenieur, Südwestmetall, Verband der Metall- und Elektroindustrie e. V. Baden-Württemberg#S

Böck: Es gehört sicherlich eine gewisse Mentalität und Einstellung dazu, um sich dem Thema stellen zu können, aber dies ist ohne Probleme auch in Deutschland möglich – man muss nicht in der asiatischen Kultur verankert sein. Auch wir gehen heute mit unseren täglichen Problemen viel besser um und stellen diese auch nachhaltiger ab.

Reisener: Eine Landeskultur ist keine grundsätzliche Voraussetzung für den Erfolg der Toyota-Philosophie im Unternehmen. Wenn dies so wäre, dann müssten alle japanischen Unternehmen erfolgreich sein. Entscheidend für den Erfolg ist die Unternehmenskultur und diese kann auch vom Management beeinflusst werden.

Wehrle: Die asiatische Kultur spielt für dieses Thema keine Rolle. Es als Voraussetzung zu sehen, ist absoluter Quatsch.

Trunzer: So sehe ich es auch. Die verschiedenen Elemente der Toyota-Philosophie können durchaus auch ein System für alle Kulturkreise sein.

Dr. Schulz: Das Beispiel sog. „Transplants", also Produktionsniederlassungen japanischer Firmen im Ausland, einige davon von Toyota selbst, beweisen für sich allein schon, dass das Prinzip auch in anderen Kulturen funktioniert. Außerdem sind nicht alle Elemente der Toyota-Philosophie ureigenste japanische Erfindungen.

Schmidt: Diese Systematik und Philosophie funktioniert auch bei uns, aber sie muss top-down vorgelebt und eingefordert werden. In Deutschland herrscht oftmals eine kennzahlenlastige Denkweise vor und nicht die notwendige Philosophie. Hier werden lieber viele große Räder gedreht, als mit kleinen sicheren Schritten voranzukommen.

Dr. Mackau: Vielfach wird in Deutschland angenommen bzw. vorgebracht, dass die Kultur eine grundsätzliche Voraussetzung für den Erfolg ist. Die Reise hat aber eindrucksvoll gezeigt, dass eben nicht die japanische Kultur, sondern die konsequente Verfolgung des Gedankengutes von Deming über Jahrzehnte der Schlüssel zum Erfolg ist.

2. Was hat Sie bei der Reise besonders beeindruckt?

Wehrle: Sehr beeindruckend war in Japan die Erkenntnis, dass es nicht um Methoden, sondern viel mehr um Systemdenken geht. Je mehr man sich mit dem Thema beschäftigt, desto mehr rücken die Methoden einzeln betrachtet in den Hintergrund. Man stellt sich eher die Frage, wie ein Unternehmen gesamthaft funktioniert. Die Reise war für mich somit auch ein persönlicher Weg zu dieser Erkenntnis.

Dr. Schulz: Es gab einige beeindruckende Erlebnisse, die wie ein Kulturschock waren. So z. B. die Leistung und die Wertschöpfung in der Produktion und Montage. Es stellt sich dann schon die Frage, ob wir in Europa da noch in der Weltspitze lange mithalten können. Wir sind in dieser Hinsicht etwas bequem geworden. Ebenfalls beeindruckend war die konsequente Ausrichtung der Firmen auf ihre Kunden, die sich auch auf alle internen Kunden-Lieferanten-Beziehungen auszuwirken schien.

Trunzer: Es stellt sich die Frage, ob wir in Deutschland nur noch über Vertrieb und Service international punkten können. Ich denke jedoch, wir können durchaus mit unserer Produktivität punkten. Man konnte aber in Japan sehen, wie andere Unternehmen akribisch an der Stabilisierung und Verbesserung von Prozessen arbeiten und ihre Mitarbeiter und Führungskräfte diesbezüglich trainieren. Die Arbeit wirkt dadurch sehr ausbalanciert. Manche Dinge, die man in Japan im Einsatz sieht, z. B. den Hancho, würde man nicht glauben, wenn man nicht vor Ort war.

Thede: Beeindruckt haben die Arbeitsgeschwindigkeit, die Arbeitsintensität und das konzentrierte Arbeiten der Mitarbeiter. Im Montagebereich sind hauptsächlich jüngere Mitarbeiter eingesetzt, die älteren Mitarbeiter sind vermutlich in produktionsnahen Bereichen beschäftigt.

Böck: Das Agieren der Hanchos ist in Japan schon sehr beeindruckend. Ein Hancho muss allerdings aus einer Organisation herausgeschwitzt werden, es ist kein zusätzliches Personal nötig. Ich empfand den Umgang mit Problemen in den Unternehmen und die Ausrichtung auf die Kernprozesse, wie die Produktion, sehr beeindruckend. Es sind nicht immer nur Investitionen in Maschinen nötig, sondern auch in die Organisation, wie zum Beispiel den Strukturen des Unternehmens. Große Schritte in Richtung Verbesserung sind ohne Investitionen in die Organisation nicht möglich.

Dr. Mackau: Besonders beeindruckend war für mich daher wahrzunehmen, wie stark das Gedankengut von Deming in den Unternehmen und deren Organisation der Strukturen auch heute noch gegenwärtig ist, ohne dass die Unternehmensvertreter dies explizit erwähnen. Weiterhin ist die Bedeutung von Philosophie/Werten, Strategie und Zielen für den langfristigen und nachhaltigen Erfolg deutlich bzw. erlebbar geworden. Die in Deutschland so beliebte und die Literatur bestimmende „Methodendiskussion" spielte hier – zu Recht – nur eine untergeordnete Rolle.

3. Welche Impulse konnten Sie für die tägliche Arbeit mitnehmen?

Dr. Schulz: Auffällig war, dass sich das „klassische" Controlling und Lean-Ansätze in den Unternehmen oft beißen. Wir haben im Nachgang zu den Reisen an vielen Schrauben gedreht, Projekte angestoßen und neue Rollen in der Werkstatt definiert, die dem Lean-Gedanken folgen. Die konsequente Steuerung der Produktion durch die Kunden ist eines der Ergebnisse.

Thede: Ich gehe heute mit einem anderen Blick durch die Produktion; ich bin sensibilisiert auf Verschwendung und hinterfrage diese permanent. Ich gebe Impulse, die zu Veränderung, zu Verbesserungen führen. Meine Präsenz vor Ort und die Gespräche mit den Mitarbeitern sind wichtig, um Nachhaltigkeit in den Veränderungsprozess zu bringen. Wir haben unsere Führungsrolle neu definiert, indem wir u. a. unseren Mitarbeitern deutlich machen, wie wichtig jede Tätigkeit in unserem Unternehmen ist und dass jeder, von der Putzfrau bis zum Ingenieur, seine Kompetenz einbringen muss, damit unsere Kunden mit uns zufrieden sind. Die Mitarbeiter zu begeistern, das ist unsere tägliche Aufgabe.

Schwierigkeiten gab es in unserem Veränderungsprozess relativ wenig. Man muss die Mitarbeiter durch Gespräche, Informationen und Schulungen aufklären und verständlich machen, warum dies alles notwendig ist und sie mit ihrem Wissen frühzeitig aktiv einbinden, damit sie sich als Beteiligte nicht nur fühlen, sondern es auch sind.

Trunzer: Die gesehenen Dinge können jedoch nicht einfach 1:1 kopiert werden. Das muss logischerweise auf die eigene Produkt- und Geschäftsmodellstruktur angepasst werden. Hier ist noch Transferleistung nötig, um für das eigene Unternehmen relevante Themen zu implementieren.

Böck: Der KVP-Gedanke ist wichtiger und notwendiger zu etablieren als irgendwelche Methoden. Diese sind lediglich ein Baukasten nicht das System. Leider sehen viele Leute fälschlicherweise nur die Methoden und nicht das dahinter stehende Gesamte.

Schmidt: Bei der Japanreise lernt und erlebt man ziemlich schnell, dass sture „Methodendrescherei" nichts bringt. Auch eine Fehleinschätzung bei uns in Deutschland. Wichtig ist aktives Lernen und die Aufbereitung von gewonnenen Erkenntnissen. Wir haben gelernt, dass man täglich die betroffenen Mitarbeiter und Führungskräfte abholen muss. Dies kann aus eigener Kraft gelingen, dafür braucht man keine externen Berater.

Wehrle: Langfristiges Denken ist sehr wichtig und z. T. muss man auch die eine oder andere Controlling-Methode hinterfragen. Dabei hilft es ungemein, wenn Kontinuität bei den Führungskräften vorherrscht.

Das Verständnis des Systems und der Philosophie muss dem Topmanagement klar sein und der Prozess von dort gesteuert werden. Ständige Wechsel im Management lassen eine Umsetzung unmöglich werden, da es sich hierbei zumindest im Anfangsstadium um ein sehr fragiles System handelt, das schnell aus dem Gleichgewicht kommt.

Dr. Mackau: Konkret mitgenommen habe ich, dass die Beschäftigung mit den Grundsätzen der Lehren von Deming sowie deren Verbreitung der Schlüssel zum Erfolg sind. Konkret bedeutet dies für mich, dass Veränderungsprozesse nachhaltig nur erfolgreich sein können, wenn der Dreiklang aus Philosophie/Leitbild, Strategie und Zielen im Topmanagement verankert wird und die Ausrichtung der Prozesse an den Zielen konsequent eingefordert wird.

Reisener: Voraussetzung für ein wirtschaftliches und menschengerechtes Arbeiten ist neben der Unternehmenskultur auch eine entsprechende Betriebs- und Arbeitsorganisation sowie ein Führungsverhalten mit Vorbildfunktion. Die Grundlagen und Prinzipien eines Toyota-Produktionssystems werden nur dann erfolgreich umgesetzt werden können, wenn die Rahmenbedingungen im eigenen Unternehmen berücksichtigt werden und die Beschäftigten eine entsprechende Wertschätzung erfahren. Die Organisation und die Betriebsmittel, einfach und flexibel geht vor komplexer Automation, sollten wandlungsfähig gestaltet sein.

4. Was konnten Sie auf dieser Basis konkret angehen und welche Schwierigkeiten tauchten bei der Umsetzung auf?

Böck: Der Ansatz des Hancho (Teamleiters) haben wir bei uns installiert. Dies führte zu Beginn allerdings zu Diskussionen mit dem Controlling, die jedoch wichtig waren. Denn der Erfolg und die Richtigkeit dieser Methode hat sich bei uns nachträglich auch anhand von belegbaren Effizienzsteigerungen gezeigt. Das Konzept muss allerdings von der Geschäftsführung unterstützt und gepusht werden.

Schmidt: Wir haben auch das Hancho-Konzept aus Japan ins Unternehmen eingebracht. Diese Form der Teamarbeit bzw. -organisation hat durchaus zu vielen internen Diskussionen geführt. Insbesondere das Thema Führungsspannen wurde diskutiert. Führungsspannen von 1:50 sind nicht zielführend, weshalb der Hancho die „Lücken" schließt und kleine Führungsspannen möglich macht. Zudem wurden Audits, Besprechungen vor Ort, regelmäßige Reports und Potenzialanalysen eingeführt. Die Analysen in den Produktionsbereichen führen zu Potenzialen, die dann in Projekte überführt werden. Die Projekte werden von Führungskräften geleitet, die für diese prämienrelevant sind. Dahinter stehen wiederum Ziele, die regelmäßig überprüft werden müssen.

Dr. Schulz: Nach unserer ersten Japanreise haben wir mittlerweile fast 10 Personen sukzessive auf die Reisen mitgeschickt. Die „Vorhut" hat auch das Konzept des Hancho mitgebracht und mit belegbaren Erfolgen umgesetzt, auch wenn es da und dort mit der traditionellen deutschen Gruppenarbeit kollidierte, die mittlerweile de facto abgeschafft ist. Viele der gesammelten Eindrücke und Themen werden diskutiert und in nachgelagerte Entscheidungen einbezogen, auch wenn es „Mikrothemen" sind.

Trunzer: Wir haben die dahinter liegenden Grundideen aufgenommen, verstanden und modifiziert. Aktuell setzen wir diverse Bausteine in unseren Prozessen um. Dabei kommt insbesondere die Bedeutung des bereichsübergreifenden Prozessdenkens zum Tragen. Messbare Ergebnisse gibt es zwar nicht von heute auf morgen, aber wir gehen den Weg unermüdlich Schritt für Schritt.

Thede: Wir haben zum Beispiel auch aufgrund der Erkenntnisse aus den Reisen unser Logistikkonzept infrage gestellt und grundsätzlich neu definiert. Produktionsmitarbeiter konzentrieren sich auf Wertschöpfung und Logistikmitarbeiter auf den sinngerechten Transport von Material. So gab es recht schnell in den Produktionsgebäuden deutlich mehr Platz und insgesamt eine höhere Produktivität. Auch die Durchlaufzeiten haben sich positiv verändert.

5. Wie haben Sie die Rolle der Führung in den besuchten japanischen Unternehmen wahrgenommen und sind diese Wahrnehmungen auch in Deutschland umsetzbar?

Reisener: Führung ist die wichtigste Aufgabe in diesen Systemen. In Deutschland wird diesem Thema leider noch zu wenig Bedeutung zugemessen. Hier heißt es oft „Dafür habe ich keine Zeit". Die Führungskräfte beschäftigen sich lieber mit dem Tagesgeschäft als mit Führungsaufgaben, weshalb sie dadurch auch oft keine Vorbildfunktion einnehmen können. Entscheidend sind natürlich auch die passende Führungsspanne und die konsequente Umsetzung des KVP-Gedankens durch die Führungskräfte.

Böck: Es sind viele unterschiedliche Fähigkeiten nötig, um eine gute Führungskraft zu werden. Es ist ein langer Weg nötig, um dorthin zu kommen. Führungskräfte müssen starke Präsenz vor Ort zeigen, was man in Japan sehr gut sehen kann. Wir tun uns in Deutschland oftmals bei der nachhaltigen Umsetzung von Themen schwer. In der Regel können wir besser konzeptionell arbeiten.

Thede: Die Führungskräfte haben eine große Identifikation mit dem Unternehmen und der eigenen Führungsrolle. Sie geben Hilfestellung und Unterstützung, wenn es erforderlich ist. Sie überwachen die Prozesse und die Arbeitsausführung der Mitarbeiter und entwickeln diese gemeinsam mit den Mitarbeitern weiter. Tagesgeschäft ist der kontinuierliche Verbesserungsprozess, das Streben nach Perfektion. Dies gelingt natürlich nur, wenn auch die Führungsspannen dementsprechend angemessen sind.

Da es hier eigentlich um „alte" Tugenden im Führen von Mitarbeitern geht, kann das auch in Deutschland umgesetzt werden. Allerdings trifft man hier in Deutschland oft auf ein anderes Führungsverständnis, dies umzudrehen, ist eine nicht einfache Aufgabe, insbesondere des Top-managements.

Wehrle: In Deutschland ist zumeist die fehlende Konsequenz und Disziplin der Führung eine große Hürde bei der Umsetzung. Insbesondere die Kontrolle und Überwachung von Veränderungen und Prozessen wird kaum akzeptiert. Auch die Akzeptanz von Standards ist nicht über alle Ebenen im Unternehmen gegeben. Dies alles sind aber Führungsthemen. Überwachung ist bei uns negativ belegt. In Japan und China sieht man darin eher Unterstützung.

Dr. Schulz: Die Führung ist deutlich durch Prozessüberwachung, Coaching der Führungskräfte und Mitarbeiter, Beobachtung der Mitarbeiter usw. geprägt. Zudem kann man eindeutig mehr Konsequenz und Disziplin bei der Optimierung von Prozessen und Strukturen beobachten. Die Konzentration auf Wertschöpfung ist auffallend. Es gibt zudem keine flachen Hierarchien, was auch nicht das Ziel sein kann. Führungskräfte müssen Dinge selbst anpacken und ausprobieren, d. h. ohne externe Berater. Vielmehr gilt es, Hypothesen aufzustellen, Dinge umzusetzen, Messungen durchzuführen und dann zu reflektieren.

Trunzer: Die Führungskräfte agieren in einem klar vorgegebenen und stabilen System. Alle Prozesse im Unternehmen sind auf den Kernprozess der Produktion ausgerichtet. Die Führungskräfte achten auf Abweichungen und Verbesserungspotenziale. Bei uns sind viele Führungskräfte jedoch eher Administratoren, d. h., sie sind mit der Verwaltung von Prozessen, Anforderungen aus Gesetzen und Normen usw. beschäftigt. Sie sind eingebunden in viele Sitzungen und betreiben im Tagesgeschäft häufig Troubleshooting. Zudem ist bei uns oft die Rolle der Führung nicht klar definiert und Führungskräfte werden mit hohen Führungsspannen konfrontiert.

Dr. Mackau: Die Diskussionen mit den Unternehmensvertretern vor Ort haben durchgängig verdeutlicht, dass Führung neben den oben schon erwähnten strategischen Aufgaben ein weiterer wesentlicher Erfolgstreiber ist. Hierbei ist unter Führung die Organisationsstruktur – also die Führungsspanne –, die Ressourcen – also die zur Verfügung stehende Zeit – und das Rollenbild zu verstehen. Meines Erachtens spricht nichts dagegen, diese Grundsätze in deutsche Unternehmen umzusetzen. Dazu bedarf es aber u. a. eines definierten Rollenverständnisses und einer intensiven Personalentwicklung.

Schmidt: In Deutschland haben Topführungskräfte oft kurzfristige kennzahlenbasierte Ziele, was der Nachhaltigkeit eines derartigen Systems oft im Wege steht. Man neigt auch dazu, zu viele Themen anpacken zu wollen. Es ist besser, sich als Führungskraft nur auf wenige Kernthemen zu konzentrieren und diese aber sauber abzuarbeiten. Wir haben es hier mit Menschen zu tun. Um eine Richtungsänderung herbeizuführen, müssen wir überzeugen. Nur so können die überholten Verhaltens- und Denkweisen nachhaltig verändert werden. Dies bedeutet aber auch, dass man sich intern Verbündete suchen sollte. Darüber hinaus gilt es, als Führungskraft in Deutschland noch den ganzen Methodenwahnsinn von der eigenen Organisation fernzuhalten, indem man selbst vor Ort ist und die Prozesse in Richtung definierter Ziele führt. Es ist ein großer Fehler, Methoden unreflektiert ins Unternehmen zu übernehmen oder Beratern hierbei freie Hand zu lassen.

6. Was können Sie Kollegen empfehlen, die am Anfang der Umsetzung eines derartigen Systems stehen bzw. gerade motiviert aus Japan kommen?

Wehrle: Es ist wichtig zu wissen, wo Führungskräfte und Mitarbeiter bzgl. des Themas intellektuell und kulturell stehen. Das bedeutet natürlich, dass man sich mit den Menschen auseinandersetzen muss. Es ist wichtig, zum Start eine entsprechende Umsetzungs- und Veränderungsmotivation zu erzeugen. Danach geht es nur noch ums „machen". Dies umfasst auch, dass experimentiert werden darf und dann die entsprechenden Schlüsse daraus gezogen werden. Man sollte am Anfang durchaus Freiräume hierfür lassen.

Dr. Schulz: 1) Hinweis: Anwendung des gesunden Menschenverstands, 2) Hinweis: 5S als Basis, 3) Hinweis: Leuten die Sehnsucht nach Veränderungen und Verbesserungen vermitteln und 4) Hinweis: Methodendiskussionen vermeiden, da Methoden nicht so wichtig sind. Und trotz aller Ungeduld: Vieles geht nicht über Nacht, sondern braucht lange, um in den Köpfen wirklich anzukommen.

Thede: Betroffene müssen zu Beteiligten gemacht werden und dies frühzeitig, gleich zu Beginn eines Veränderungsprozesses.

Böck: Die Geschäftsführung muss ein entsprechendes Systemverständnis haben bzw. sich erarbeiten. Ohne dies wird es keine Nachhaltigkeit geben. Zumal die Geschäftsführung das Thema ständig intern bewerben muss. Die Reise macht deutlich, was ein derartiges System für die Führungskräfte bedeutet. Man sollte einige wenige Bereiche für die Thematik begeistern und als Keimzelle benutzen. Um die Führungskräfte auf den Weg auszurichten, sollten keine Seminare von der „Stange" verwendet werden, sondern müssen thematisch auf die jeweilige betriebliche Situation zugeschnitten werden.

Reisener: Es ist zu überlegen, welche Erkenntnisse aus der Studienreise unter Beachtung der gesetzlichen, tariflichen und unternehmensspezifischen Rahmenbedingungen im eigenen Unternehmen sinnvoll umgesetzt werden könnten. Bei diesen Überlegungen sollte der gesunde Menschenverstand im Vordergrund stehen. Das heißt z. B., welche Methoden und Werkzeuge sind bei welchem Problem sinnvoll einzusetzen? Wo kann die Komplexität der Betriebsmittel und Arbeitsabläufe gering gehalten werden?

Dr. Mackau: Den Weg nur zu beschreiten, wenn auch das Topmanagement das Gedankengut von Deming verstanden hat und bereit ist, dies vorzuleben.

Trunzer: Der Weg ist mit der Besteigung des Mount Everest vergleichbar, d. h., man braucht ein gutes Basislager und dann entsprechende Zwischenlager sprich Umsetzungsstufen. In manchen Fällen ist der eingeschlagene Weg versperrt und man muss alternative Lösungen suchen, die auf das Unternehmen passen. Dabei geht es häufig auch um Einstellungen und Sichtweisen. Wenn es einem Unternehmen gut geht, ist das oft schwierig, aber wenn es einem Unternehmen schlecht geht, ist es oft schon zu spät für diesen Weg. Die Geschäftsführung sollte ausreichend Verbündete bzw. Missionare um sich scharen und dann einen langen Atem haben. Die gesetzten Ziele sollten nicht zu anspruchsvoll sein und erste Erfolge umgehend kommuniziert werden.

Schmidt: Man braucht schon Geduld und einen langen Atem. Wir haben inklusive diverser Rückschläge 5 bis 6 Jahre gebraucht, um Standards „lebendig" gestalten zu können.

Dieses System steht und fällt immer mit den zuständigen Führungskräften. Deshalb muss hin und wieder auch die Vertrauensfrage gestellt werden. Um das TPS zu implementieren muss man den genetischen Code des Systems verstehen. Das bedeutet, keine Kopie zu erstellen, sondern aus eigener Kraft, ohne externe Berater, eine Selbstentwicklung vorzunehmen und diese aktiv mit den Mitarbeitern lebendig zu gestalten. Interne Stabsstellen können den Prozess unterstützen, sollten aber nicht als „Macher" auftreten. Lean-Themen sind leider in manchen Unternehmen bereits negativ besetzt oder gar verbrannt. Daher sollte man auf die Wortwahl bei der Projektdefinition achten.

7. Welche Unterschiede sehen Sie in den Aktivitäten der Personalentwicklung in Japan im Vergleich zu Deutschland?

Dr. Mackau: Neben dem Thema Führung hat die Reise meiner Einschätzung nach gezeigt, dass eines der weiteren Kernthemen für den Erfolg das Verständnis von Personalentwicklung und Wertschätzung ist. Hier ist es sicher eines der Highlights, zu sehen, wie Personalentwicklung bei Toyota verstanden und operationalisiert wird. Erwähnenswert ist sicherlich die inhaltliche Ausrichtung z. B. auf das Erlernen der kontinuierlichen Verbesserung sowie die durchgängige Personalentwicklung vom Einstieg in das Berufsleben bis zum Eintritt in den Ruhestand. Hier findet m. E. in deutschen Unternehmen Personalentwicklung oftmals nicht standardisiert und nicht auf das Erlernen des kontinuierlichen Verbesserns ausgerichtet statt.

Böck: Der Personalbereich muss vielmehr Personalentwicklung in diesem Themengebiet leisten, da die relevanten Inhalte des Unternehmens- bzw. Produktionssystems an Hochschulen, Schulen und Berufsschulen nicht hinreichend gelehrt werden bzw. nicht Teil der Ausbildung sind.

Schmidt: Die Personaler in Deutschland unterstützen diese Systeme und Denkweisen nicht wirklich, da viele von Ihnen sich eher als Personalverwalter sehen und weniger als Coach.

Wehrle: Der Personalbereich ist in Deutschland nicht wirklich ins Thema integriert.

Schulz: Personaler haben in dem Zusammenhang eine wichtige Rolle, sind aber leider oftmals thematisch zu weit weg. Sie sehen das Thema als eine Aufgabe der Produktion und sind daher auch keine Treiber des Prozesses.

Trunzer: In Deutschland sind zu oft eher Personalverwaltungen und nicht Personalentwicklungen anzutreffen. Die Geschäftsführung und die Personalentwicklung müssen eng zusammenarbeiten und sich abstimmen. Dafür sind Geschäftsführungen aber manchmal auch nicht genug sensibilisiert.

Reisener: Es gibt in Japan nicht die Berufsausbildung, wie wir sie in Deutschland kennen. Die Beschäftigten werden innerbetrieblich intensiv auf ihre Tätigkeit vorbereitet, d. h. im Rahmen eines internen Qualifizierungssystems. Beschäftigte, die für Führungspositionen infrage kommen, müssen erst einmal in der Produktion gearbeitet haben, bevor sie die Führungsposition übertragen bekommen. Ein Quereinstieg in Führungspositionen ist selten.

Thede: Unsere duale Ausbildung ist ein Wettbewerbsvorteil und bringt die Basis für einen stabilen und nachhaltigen Veränderungsprozess mit. Es gelingt schneller und einfacher, die Menschen zur Veränderung zu bewegen und dient auch dem Betriebsfrieden. Die Menschen sind „ausgereifter" und stellen sich mit ihrer Kompetenz den Herausforderungen mit Stolz als Fachkräfte.

8. Sind die in Japan zu sehenden Unternehmenssysteme nur Systeme für die Produktion und welche Rolle spielen die Schnittstellen?

Dr. Mackau: Nein, auch wenn von einem Toyota-Produktionssystem gesprochen wird, ist doch deutlich geworden, dass es sich um ein Unternehmenssystem handelt bzw. handeln muss, um wirklich erfolgreich zu sein. Die konsequente Ausrichtung auf stabile, beherrschbare und transparente Prozesse im gesamten Unternehmen macht die besuchten japanischen Unternehmen erfolgreich. Eine Herausforderung dabei ist die Beherrschung von Schnittstellen. Wobei die besuchten japanischen Unternehmen i. d. R noch weitergehen und auch die externen Zulieferer mit in das System einbeziehen und die gesamte Zulieferkette im oben genannten Sinne entwickelt haben.

Reisener: Die Philosophie des Toyota-Produktionssystems sollte nicht nur für die Produktion zur Anwendung kommen, sondern auf das gesamte Unternehmen übertragen werden. In diesem Zusammenhang wäre dann auch der Begriff „Unternehmenssystem" sinnvoller. Schnittstellenmanagement ist hierbei ein wichtiger Punkt in der Aufbau- und Ablauforganisation.

Böck: Wir reden vom Unternehmens- und nicht Produktionssystem. Es ist insbesondere dann wichtig, klare Verantwortungen und Zuständigkeiten zu definieren, wenn es an kritische Nahtstellen geht. Die meisten herausfordernden Themen sind ohnehin nur abteilungsübergreifend und prozessorientiert zu lösen.

Thede: Das TPS ist ein ganzheitliches Unternehmenssystem, das alle Unternehmensfunktionen umfasst, von der Kundenakquise bis zur Auslieferung des Produkts. Die Schnittstellen sind definiert, jeder weiß, was er wann in welcher Qualität und Form liefern muss. Ich habe „lean" im Büro begonnen, indem ich den aktuellen Stand meiner Mitarbeiter infrage gestellt habe. So kam es, dass es auch in den Büros sauber und ordentlich aussah und sogar auch dort Flächen frei wurden. Dazu braucht es keine großen Methoden, sondern oft nur den gesunden Menschenverstand und Konsequenz.

Auch wir arbeiten inzwischen die Potenziale an den Schnittstellen auf, dies ist nicht einfach, aber wir wissen, dass es uns erfolgreicher machen wird.

Trunzer: Die Lean-Gedanken müssen unternehmensweit ausgerollt werden, wobei in der Regel die Produktion gedanklich und von der Umsetzung schon weiter voraus ist. Daher sollte auch nicht von einem „Produktionssystem", sondern eher von einem „Unternehmenssystem" gesprochen werden.

Dr. Schulz: Sicher nicht, aber es ist nicht einfach, den Schwung aus der Produktion für das Thema in die administrativen Bereiche zu tragen. Trotzdem funktioniert das System nur mit dem gesamten Unternehmen und kann dadurch nicht allein durch die Produktion getragen werden. Die Schnittstellenbeziehungen sind wichtig und ein großes Problem, da im Office-Bereich Veränderungen eher ungewohnt sind.

Wehrle: Saubere Schnittstellenvereinbarungen sind ungemein wichtig, z. B. im Einkauf und der Logistik, um den Umsetzungsprozess nicht zu stören und zu verlangsamen. Eine Optimierung der Schnittstellenbeziehungen ist jedoch in z. T. bestehenden Strukturen von heute auf morgen nicht so einfach möglich.

9. Wie schätzen Sie den Aufwand/Nutzen dieser Reisen ein?

Reisener: Für diejenigen Teilnehmer/-innen der Studienreise, die mit „sehenden" Augen an den Unternehmensbesuchen teilgenommen haben, ist der Nutzen deutlich höher als der Aufwand. Zum einen ist die gute Organisation der Studienreise und die freundliche und offene Atmosphäre in den besuchten Unternehmen ein Mehrwert. Zum anderen ist der Mix aus guten, sehr guten und weniger gut organisierten Unternehmen, die besucht wurden, zu erwähnen. Darüber hinaus ist der Austausch zu den Unternehmensbesuchen zwischen den Teilnehmern/-innen der Studienreise sehr wertvoll.

Böck: Die Reise hat mir weniger die Methoden näher gebracht, als vielmehr die Nervenbahnen eines solchen Systems verdeutlicht. In Japan kann man sehen, dass es sich auch in einem Hochlohnland noch zu fertigen lohnt. Allerdings muss man sich hierfür immer wieder anstrengen. Auch China holt organisatorisch auf, dies wird bei den Reisen sehr deutlich.

Thede: Der Nutzen ist, dass die Reise eine nachhaltige Wirkung erzeugt hat, die leider so nicht messbar ist. Die Erfolge der Umsetzung einzelner, größerer und kleinerer Maßnahmen zeigen, dass wir auf dem richtigen Weg sind. Da hat uns der Blick in japanische Firmen die Augen geöffnet. SWM sollte auf jeden Fall diese Reisen weiter anbieten.

Dr. Schulz: Die Ausrichtung von Führungskräften in eine gemeinsame Richtung ist nicht einfach. Ebenso die Erzeugung eines homogenen Verständnisses. Die Japanreisen waren hierzu allerdings wertvolle Hilfe und Unterstützung, denn sie haben in den Köpfen meiner wichtigsten Mitarbeiter Bilder und Vorstellungen erzeugt, wo man hinkommen kann, wenn man sich darum bemüht. Auch wenn wir nicht alle gleichzeitig in Japan waren, haben die Reisen das gemeinsame Zielverständnis erheblich gefördert. Eine gute Investition also. Sofern es weitere Reisen gibt, wird es bei Bedarf auch wieder Teilnehmer aus unserem Unternehmen geben.

Schmidt: Der hohe Preis der Reise schreckt zwar zunächst ab, aber ein derartiges System in seiner Gesamtheit zu sehen und welche Wirkung es entfalten kann, ist beeindruckend. In Deutschland sind oft Einzel- bzw. Insellösungen anzutreffen, d. h. viele Keimzellen in den Unternehmen, aber kein Gesamtsystem. Es ist absolut beeindruckend zu sehen, wie einzelne Organisationskonzepte ineinandergreifen und ein System bilden. Man merkt, wie die Unternehmenskultur wirkt. Dies kann kein Seminar, Vortrag, Buch oder Foliensatz usw. darstellen, dies muss man gesehen und gespürt haben. Die Begeisterung der Menschen für das System ist vor Ort erlebbar. So verliert man selbst die Unsicherheit, ob man wirklich auf dem richtigen Weg ist.

Trunzer: Der Nutzen ist hoch einzuschätzen, da man viele Dinge in Japan sieht, die in Deutschland zum Teil eher verpönt sind. Dazu zählt z. B. die Verwendung „alter", aber sehr gut gepflegter technischer Anlagen. Man braucht nicht die neueste Technik, um erfolgreich zu sein.

Dr. Mackau: Der Aufwand ist nicht zu unterschätzen, da die Informationsdichte sehr hoch ist und viele Dinge nicht offensichtlich zu erkennen sind. Daher ist eine intensive Nacharbeit der Eindrücke aus den einzelnen Unternehmen meiner Einschätzung nach notwendig. Der Nutzen ist u. a. hoch, weil am Beispiel von vielen unterschiedlichen Unternehmenstypen, KMU bis Konzern, und unterschiedlichen Produkten zu erleben ist, dass ein Produktionssystem bzw. Unternehmenssystem erfolgreich zu etablieren ist.

Wehrle: Ich kann die Reise nur empfehlen. Sie ist eine sehr gute Qualifizierung für Manager. Man muss allerdings für die Eindrücke offen sein.

5 Warum sollte man überhaupt noch nach Japan pilgern?

Ralf Neuhaus, Jürgen Dörich und Hans-Jürgen Classen

Warum in der Tat? Nun, die von Südwestmetall angebotenen und von Jürgen Dörich und Hans-Jürgen Classen organisierten und begleiteten Studienreisen führen nicht nur nach Japan, sondern seit einigen Jahren auch in die Volksrepublik China und nach guten Gründen für einen Besuch des Reichs der Mitte muss man wirklich nicht lange suchen.

China gilt als neuer Magnet der Weltwirtschaft, Motor des globalen Wirtschaftswachstums und wichtigster Kunde der deutschen Wirtschaft.

Zu diesen Superlativen gesellt sich seit einigen Jahren noch das Attribut, dass die chinesische Fertigungsindustrie, insbesondere die in direktem Konkurrenzverhältnis zu ihren deutschen Pendants stehenden Unternehmen, (aus Japan stammende) moderne Managementsysteme entdeckt haben und diese mit einer beängstigen Geschwindigkeit flächendeckend erfolgreich einführen. Mit dem Ergebnis, dass sich die Qualität einer Vielzahl chinesischer Industrie- und Konsumgüterprodukte rasant verbessert hat, es mittlerweile Weltklasse-Entwicklungskompetenzen dort gibt und die chinesische Industrie immer mehr in die bisherigen Domänen der deutschen Industrie vordringt, mit guten, innovativen Produkten und auch mit der Übernahme deutscher Unternehmen.

R. Neuhaus (✉)
Hochschule Fresenius, Düsseldorf, Deutschland
E-Mail: neuhaus@hs-fresenius.de

J. Dörich
Südwestmetall, Stuttgart, Deutschland
E-Mail: doerich@suedwestmetall.de

H.-J. Classen
Aims Japan Co., Ltd, Tokio, Japan
E-Mail: classen@aimsjapan.co.jp

Institut für angewandte Arbeitswissenschaft e. V. (Hrsg.), *Lernen von den Weltbesten*,
ifaa-Edition, DOI 10.1007/978-3-662-46096-2_5

China, insbesondere die chinesischen Vorzeigeunternehmen, die im Rahmen der Reisen besichtigt werden, sind also ohne Zweifel einen Besuch wert, denn dort kann man vor Ort lernen, dass sich diese Unternehmen in China auf dem besten Wege befinden, Topqualität zu günstigen Preisen und mit sehr schnellen Lieferzeiten anzubieten. Insbesondere in den Schwellenländern verbessern chinesische Topunternehmen somit ständig ihre Wettbewerbsposition und es wäre fatal, wenn die deutsche Wirtschaft auf diese Herausforderung so reagiere, dass man Abstriche bei Qualität und Service zugunsten eines geringeren Preises machte. In China weiß man mittlerweile, dass Weltklasse Qualität nicht mehr mit Mehrkosten verbunden ist, wenn man über Weltklasseprozesse verfügt.

Aber Japan? Ist das nicht das Land, welches in seiner jüngsten Vergangenheit wenigstens eine, wenn nicht sogar zwei „verlorene Dekaden" erlebte, in denen kein nennenswertes Wirtschaftswachstum erreicht wurde und das durch Finanzkrisen, fortwährende Deflation und häufig wechselnde Regierungen gekennzeichnet war? Und gab es da nicht sogar diesen Atomunfall vor vier Jahren: Fukushima?

Für Japankritiker oder solche, denen die Flut vermeintlicher japanischer Managementmethoden der vergangenen Jahrzehnte und die damit verbundene Anreicherung des industriellen Vokabulars um Begriffe wie Kaizen, Andon, Poka Yoke etc. immer schon ein Greuel war, bot gerade diese Reihe von Störfällen im Atomkraftwerk Fukushima Daiichi beginnend am 11. März 2011 einen geeigneten Anlass, das Thema „Lernen von Japan" endgültig ad acta zu legen.

Oberflächlich betrachtet ist die Argumentation, Japan sei kein Vorzeigebeispiel mehr, durchaus nachvollziehbar. Der Gau im AKW Fukushima Daiichi war die Klimax und die logische Konsequenz einer Reihe haarsträubender Versäumnisse auf Seiten des Betreiberunternehmens.

Der Unfall ist jedoch ein schönes Beispiel dafür, dass es die „japanische Wirtschaft", die „Japan AG", diesen monolithischen, von einem vermeintlichen Superministerium geführten und koordinierten Block gar nicht gibt. Vielmehr besteht die japanische Wirtschaft aus einer erstaunlichen Anzahl von Privatunternehmen, viele in Gründer- und/oder Familienhand, von kleinen und kleinsten Metallverarbeitern in Downtown Tokio (siehe Abb. 5.1) oder Osaka, die jedoch durchaus z. B. Präzisionsbauteile für Satelliten fertigen bis hin zu Giganten wie Toyota Motors, dem im Geschäftsjahr 2013 weltweit größten Automobilhersteller. Innerhalb dieser Bandbreite gibt es gute und schlechte Firmen, vor allem gut und schlecht geführte Unternehmen, und der Betreiber des Fukushima-AKW wird sicherlich als Paradigma eines schlecht geführten Unternehmens in die Wirtschaftsgeschichte eingehen.

Dieses Unternehmen war geprägt von einer sehr stark zahlenorientierten Unternehmenskultur. Es wurde immer schon gerne gerechnet und die „Rechner", viele von ihnen Absolventen der japanischen Eliteuniversität University of Tokyo, bestimmten die Geschicke des Unternehmens.

Vor dem Bau des havarierten AKW Fukushima Daiichi wurde eine Kalkulation vorgelegt, wonach man die über die geplante Lebensdauer von 40 Jahren projizierten Betriebskosten dadurch effektiv senken könne, dass man die ursprünglich vorhandene ca. 25 m

Abb. 5.1 Tokio, Japan

hohe Steilklippe am Standort weitestgehend abtrage und das Kraftwerk nur wenige Meter über dem Meeresspiegel platziere. Durch diese Maßnahme könne man die Stromaufnahme der Pumpen für das dem Meer entnommene Kühlwasser stark reduzieren und somit große Mengen an Elektrizität einsparen, denn auch Kraftwerke betreiben ihre internen Anlagen mit dem Stromnetz entnommener Elektrizität.

Die regelmäßig von Seismologen und Historikern, die in alten Quellen Hinweise auf zyklisch wiederkehrende verheerende, geschätzte 30–40 m hohe Tsunamis in der Vergangenheit entdeckt hatten, vorgetragenen Warnungen wurden systematisch diskreditiert und als statistisches „22-Sigma- Ereignis" abgetan. Das Unternehmen ging in seinen eigenen Berechnungen davon aus, dass die Wahrscheinlichkeit von Tsunamis einer Höhe von mehr als 6 m vernachlässigbar sei und eine späte interne Studie aus dem Jahr 2008, wonach eine Höhe von 10 m –durchaus denkbar sei, wurde von den Führungskräften als unrealistisch eingestuft und konsequenterweise ignoriert.

Dementsprechend waren dann auch die Vorkehrungsmaßnahmen für ein Ereignis, von dem man überzeugt war, dass es gar nicht stattfinden könne. Die vorhandenen dieselgetriebenen Notaggregate des Kraftwerks waren auf der dem Meer zugewandten Seite der Gebäude angeordnet und wurden durch den ersten, 14 m hohen Tsunami ca. 30 min nach dem unterseeischen Beben außer Gefecht gesetzt. Mit dem Ergebnis, dass trotz wirkungsvollem sofortigem Herunterfahren des Kraftwerks die Restwärme der Reaktoren 1 bis 3 ausreichte, um nach der Unterbrechung der Stromversorgung des Kraftwerks über das Netz durch Erdbeben und Tsunami bereits nach wenigen Stunden die Kernschmelze beginnen zu lassen.

Mobile Notstromaggregate gab es zwar, aber diese waren, auf LKWs montiert, in der Tiefgarage in der Verwaltungszentrale in Tokio stationiert, denn schließlich waren sie ja vorgesehen für einen Notfall in einem der drei Nuklearstandorte des Unternehmens und die Überlegung, dass die Straßenverbindungen durch ein massives Erdbeben gestört sein könnten, war in den Risikobetrachtungen der internen Rechenexperten nicht vorhanden, ebenso wenig wie die Maßnahme, die Aggregate mit Helikoptern vor Ort zu bringen.

So kam es in den Stunden und Tagen nach der Erdbeben- und Tsunamikatastrophe am 11. März 2011 zu der dritten Kalamität, die Japan in der Form des nach Tschernobyl gravierendsten atomaren Unfalls über sich ergehen lassen musste und in diesem Fall war die eigentliche Ursache 100 % anthropogen. Von dem Betreiberunternehmen kann man vor allem lernen, was man als Organisation tun muss, um nicht zu lernen und nicht besser zu werden. Namentlich, wie es gelingt, durch Berechnungen, die für eine Teilbetrachtung wie die erwähnten Kosten für die Kühlpumpen zwar korrekte Ergebnisse liefern, jedoch das „Big-Picture" vollkommen ignorieren, u. U. jahrzehntelange Sicherheit vorzugaukeln, die dann plötzlich, durch Ereignisse außerhalb der mathematischen Betrachtungen, mit einem Schlag in einer Katastrophe enden kann. Dieses Beispiel sollte in keiner Vorlesung über betriebswirtschaftliches Controlling und Risikomanagement fehlen und jeder Controller sollte sich der von Albert Einstein formulierten Weisheit bewusst sein: „Nicht alles was man zählen kann, zählt auch und nicht alles was zählt, kann man zählen."

Wichtig in diesem Zusammenhang ist jedoch, dass es innerhalb dieser Vielzahl privatwirtschaftlicher Unternehmen in Japan auch gute Firmen gibt und einige von diesen sind nicht nur gut, sondern in der Tat Vorzeigeunternehmen, weltweite Best-Practice-Beispiele. Man muss sie halt nur suchen und finden, um von ihnen zu lernen und genau dies ist das Ziel der Reisen.

Die Bekanntschaft der Reiseteilnehmer mit den japanischen Vorzeigeunternehmen beginnt bisweilen schon vor dem ersten eigentlichen Unternehmensbesuch. Dann nämlich, wenn eine Fahrt mit dem öffentlichen Verkehrssystem Japans auf dem Programm steht, insbesondere den Shinkansen (wörtlich „neue Hauptlinie") genannten Hochgeschwindigkeitszügen. Schnell stellt man fest, dass Zugfahren in Japan eine wahre Freude darstellt, vor allem, wenn man anderswo regelmäßig andere Erfahrungen macht. Denn japanische Züge sind pünktlich und die allgemeine Definition von Pünktlichkeit bei allen japanischen Eisenbahngesellschaften, von denen es mehr als 100 gibt, ist +/− 59 s, d. h., man kann sich auf selbst sehr knappe Verbindungen nahezu einhundertprozentig verlassen. Es bedarf eines Taifuns, Erdbebens oder heftigster Schneefälle, um die Fahrpläne durcheinanderzubringen. Die durchschnittliche Verspätung aller Züge der meistbefahrenen Eisenbahnstrecke der Welt, der Tokaido-Linie zwischen Tokio und Osaka betrug beispielsweise im Jahr 2012 nur 36 s pro Zug und diese Zahl beinhaltet alle Störfälle durch Naturgewalten, von denen es in Japan überproportional viele gibt. Sie beinhaltet auch ausgefallene Züge, im Gegensatz zur in Deutschland gepflegten Praxis, bei der ausgefallene Züge nicht in die Verspätungsstatistik aufgenommen werden, mit dem entsprechenden Ergebnis, dass die Statistik besser aussieht, als viele die Praxis vor Ort erleben.

Und diese Fahrpläne weisen eine völlig andere Dichte auf, als man dies von der Deutschen Bahn gewohnt ist. Nicht nur in den Ballungsräumen wie Tokio, Osaka und Nagoya, sondern auch im Intercity-Verkehr fahren Züge im Minutentakt und dies bei Spitzengeschwindigkeiten von 320 km/h. Zugfahren in Japan bedeutet Entspannung, Erholung, stressfreies Reisen von A nach B, Genießen des Onboard-Services, ungestörtes Arbeiten in der Ruhe und Sicherheit, den geplanten Termin ohne viel Vorlaufzeit sicher wahrnehmen zu können, oder einfach das Zurücklehnen in den bequemen Sitzen mit viel Abstand zum Vordersitz, auch in der 2. Klasse, und der Blick auf die vorbeirauschende Landschaft.

Warum funktioniert das alles so gut? Nun, es sind nicht die japanischen Gene oder die japanische Kultur, die für pünktliches Bahnfahren in modernen, sauberen Zügen sorgt, sondern schlichtweg gutes, sinnvolles Management der Bahngesellschaften.

Dies beginnt damit, dass das Management nicht annimmt, man könne die Wartung von Zügen, Gleisen und Anlagen weitestgehend outsourcen und die Wartungsintervalle so ausdehnen, dass die Züge zwar in den meisten Fälle morgens bei Betriebsbeginn bereit stehen, die Wahrscheinlichkeit eines technischen Problems während des Tages jedoch immer vorhanden ist. In Japan wird die Wartung ernst genommen, es wird in Wartungspersonal und Infrastruktur massiv investiert und die Intervalle sind kurz. Und ganz im Sinne von Albert Einsteins Weisheit ist man sich in den Chefetagen der Eisenbahnunternehmen sicher, dass man zwar in einer Punktbetrachtung die Kosten der Wartungsgtätigkeiten berechnen kann – in der Tat sind diese natürlich auch bekannt –,dass jedoch der positive Effekt für das Unternehmensergebnis durch die nahezu einhundertprozentige Verfügbarkeit und Pünktlichkeit der Züge letztendlich nur durch die Zufriedenheit der Kunden und die Gewinn- und Verlustrechnung am Ende des Geschäftsjahres zum Ausdruck gebracht werden kann.

Mit anderen Worten, jede Führungskraft weiß, weil sie es im Laufe ihrer Karriere im Unternehmen lernt, dass sich ein hoher Aufwand für die technische Verfügbarkeit der Züge und der daraus resultierende stressfreie Service für die Kunden immer in einem positiven Unternehmensergebnis bezahlt machen wird. Natürlich immer mit der Einschränkung, dass sich der Aufwand in einem vernünftigen Rahmen bewegen muss, aber auch hier hilft die Erfahrung mit der bisherigen Praxis und in den guten japanischen Unternehmen misst man der bisherigen Erfahrung und Faustregeln, die sich über lange Zeit bewährt haben, große Bedeutung zu. In den guten Unternehmen gibt es keine Führungskräfte, die regelmäßig mit der „neuesten" Managementmethode daher kommen, Dinge, die sich bisher als gut und richtig heraus gestellt hatten, Hals über Kopf abzuschaffen und externen Beratern, die mit abstrusen Begriffen um sich werfen, im eigenen Unternehmen freien Lauf zu lassen. Führung in den guten Unternehmen bedeutet die konsequente Fortsetzung und Verbesserung bewährter Praktiken.

Übrigens sind viele der japanischen Eisenbahnen börsennotierte Unternehmen, insbesondere die drei großen Betreibergesellschaften der Shinkansen-Trassen, und im Vorfeld der Börsengänge war es nicht so, dass Ausgaben für Wartung und Investitionen in Züge und Infrastruktur erheblich zurückgefahren wurden. Im Gegenteil, es wurde massiv in neue, noch schnellere und bessere Züge investiert, um noch besser als bisher mit dem Flugverkehr konkurrieren zu können. Hohe Kundenzufriedenheit ist die Grundvoraussetzung für die langfristige Profitabilität und Existenz eines Unternehmens. Diese Weisheit, eigentlich schon eine Binsenweisheit, lernt in den guten japanischen Unternehmen, so auch bei den Eisenbahnbetreibern, jede Führungskraft und niemand würde auf die Idee kommen, die Profitabilität kurzfristig durch drastische Einsparungsmaßnahmen in der Wartung und Betreibung von Zügen zu erhöhen, um ein Unternehmen für den Gang an die Börse vorzubereiten. Eine Führungskraft bei einer japanischen Eisenbahngesellschaft würde dies als Betrug ansehen, Betrug am Kunden, an der Gesellschaft, der man mit dem angebotenen Service dienen will und letztendlich auch am Unternehmen und seinen Mitarbeitern selbst, denn der Imageschaden wäre immens und es gibt in den meisten Fällen konkurrierende Anbieter und somit Alternativen.

Das überlegene Management der japanischen Eisenbahnen kommt nicht nur in der nahezu perfekten Pünktlichkeit und Verfügbarkeit der Züge zum Ausdruck. Was während der Reisen immer wieder für Erstaunen bei den Teilnehmern sorgt, ist der hohe Grad der Standardisierung und Visualisierung der Abläufe. Dies beginnt damit, dass jeder Wagen der Shinkansen-Züge einfach und logisch durchnummeriert ist, auf der am meisten befahrenen Tokaido-Strecke von Tokyo nach Osaka sind es die Nummern 1 bis 16. Bei jedem Zug, immer in der gleichen Richtung und Reihenfolge, 100 % ohne Ausnahmen.

Die Wagen sind kategorisiert in Wagen mit reservierten und Wagen mit nicht-reservierten Sitzplätzen, wobei jeder Zug wesentlich mehr Wagen mit reservierten Plätzen ausweist. Für Fahrgäste ohne Sitzplatzreservierung hat dies den großen Vorteil, dass er nicht durch den Zug laufen muss, um einen freien Platz zu finden, für die anderen Fahrgäste den Vorzug, dass keine unnötige Unruhe durch Suchende entsteht. Hier wird also, wenn man so will, durch ein einfaches System Verschwendung (Muda) und Unruhe (Mura) durch Suchen vermieden, mit dem Ergebnis hoher Kundenzufriedenheit, ganz im Sinne des Toyota-Systems.

Großes Erstaunen bei den Reiseteilnehmern ruft auch die Halteposition aller Züge auf den Bahnsteigen hervor. Diese Halteposition ist nämlich auf dem Bahnsteig genau markiert und zwar nicht nach vagen Zonen, die in vielen Fällen sowieso nicht eingehalten werden, sondern nach Wagennummern und Türen der entsprechenden Wagen. Mit einer Sitzplatzreservierung weiß man als Fahrgast also genau, welches die nächstgelegene Tür ist und kann sich auf dem Bahnsteig entsprechend positionieren. Der entsprechende Zug hält nun auch tatsächlich immer, 100 %, ohne Ausnahme, zentimetergenau an der vorgesehenen Stelle. Es gibt kein Gehen, Laufen, Suchen, Gepäckschleppen, keine panischen älteren Fahrgäste, die den richtigen Wagen nicht finden können, kurzum keinen Stress und vor allem für den pünktlichen Betrieb wichtig, keine Verspätungen.

Wer anderswo Zug fährt, wird schon oft erlebt haben, dass es auch ohne die leider sehr häufigen technischen Störungen bei Fernzügen immer wieder zu Verspätungen kommt, weil der Zug an nahezu jedem Bahnhof mit leichter Verspätung abfährt und die Ursache sind in der Regel eben genau diese Fälle, dass Fahrgäste auf dem Bahnsteig sportliche Übungen vollziehen müssen, um in den richtigen Wagen zu gelangen. Mit anderen Worten, es fehlt die notwendige Standardisierung, die für einen pünktlichen Betrieb eine conditio sine qua non darstellt und es leuchtet ein, dass dies nichts mit vermeintlicher japanischer Disziplin oder Hightech zu tun hat, sondern schlichtweg die konsequente Umsetzung einfachster Lösungen – wie gesagt, eine farbliche Markierung auf dem Bahnsteig, mehr nicht – darstellt. Als Unternehmen benötigt man „nur" Führungskräfte, die ihr Kerngeschäft – Fahrgäste mit Zügen von A nach B bringen – kennen und derartige einfachen, logischen

Lösungen, die der gesunde Menschenverstand suggeriert, konsequent umsetzen, vorleben und von den Mitarbeitern auch durch regelmäßige Präsenz vor Ort einfordern. Strategen, die sich allerdings lieber mit dem Aufbau globaler Logistikdienstleister beschäftigen und statt mit dem Zug zu fahren lieber um den Globus jetten, sind aus dieser Perspektive betrachtet für die Führung einer Eisenbahngesellschaft weniger geeignet.

Ein abschließender Punkt zu diesem Thema, der während einer Zugfahrt in Japan nicht sofort auffällt, jedoch wichtig für die Einschätzung der Leistungsfähigkeit dieses Transportsystems ist: In Japan werden seit 1964 Hochgeschwindigkeitszüge betrieben, länger also als in jedem anderen Land und die kumulierte Anzahl der Fahrgäste hat mittlerweile die 10-Milliardenmarke überschritten. Zum Vergleich, der TGV/Thalys/Eurostarbetrieb hat bisher 2 Milliarden Passagiere transportiert, alle anderen Hochgeschwindigkeitssysteme, inklusive des chinesischen, liegen noch weit hinter diesen Zahlen zurück. Während dieser Zeit gab es bisher nur einen tödlichen Unfall, als ein Passagier durch die eine sich schließende Zugtür zu Fall gebracht wurde und sich unglücklich am Kopf verletzte. Verletzungen oder Todesopfer während des Fahrbetriebs der Züge hat es bisher nicht gegeben, trotz häufiger schwerer Erdbeben und anderer Naturkatastrophen. Dieser Sicherheitsrekord ist weltweit unerreicht und dokumentiert, wie gute Unternehmensführung, sinnvolle Investitionen in die Wartung von Zügen, Trassen und Einrichtungen sowie die konsequente Standardisierung aller Abläufe ineinandergreifen und zu erstaunlich guten Ergebnissen für den Kunden führen.

Darüber hinaus sorgt auch die gesunde Skepsis gegenüber neuen, ungeprüften Konzepten und das Selbstbewusstsein, sich auf die bisherige gute Praxis zu verlassen und diese konsequent weiterzuführen für diese unerreichte Sicherheit. Das „Radreifen"-Konzept, welches dem ICE Wilhelm-Conrad-Röntgen beim Unfall in Eschede zum Verhängnis wurde, war auch den japanischen Betreibergesellschaften bekannt und es wurde eine Reihe von Versuchen durchgeführt. Von vornehrein erkannte man jedoch die Schwachstelle der permanten Verformung des Radreifens bei jeder Umdrehung eines Rades und befürchtete, die damit einhergehende Materialermüdung könne zu einem katastrophalen Unfall führen. Man glaubte nicht, dass es möglich sei, anhand von Ultraschalluntersuchungen derartige Materialermüdungen zu entdecken, vielmehr war man pragmatisch genug zu wissen, dass derartige Kontrollen niemals 100 % sicher sein können. Konsequenterweise wurde das Radreifen-System abgelehnt.

Die beschriebene gesunde Skepsis gegenüber neuen Ideen und Technologien zieht sich wie ein roter Faden durch die Geschichte der guten Unternehmen in Japan, aber dies bedeutet nicht, dass diese Firmen nicht innovativ sind. Im Gegenteil, wie bereits beschrieben, war Japan weltweit das erste und lange Zeit das einzige Land, das Hochgeschwindigkeitszüge betreibt und zwar waren es von Anfang an Züge mit sogenanntem verteiltem Antrieb, bei dem die Motoren und die übrige Antriebselektrik unter dem Fahrgastraum direkt an den Achsen der Drehgestelle sitzt und über den gesamten Zug verteilt sind. Zurzeit ist weiterhin die Inbetriebnahme einer MAGLEV-Trasse zwischen Tokio und Nagoya für das Jahr 2027 mit Reisegeschwindigkeiten von 500 km/h geplant und dies wäre eine weitere Weltneuheit.

Jedoch ist es tatsächlich so, dass in allen guten Unternehmen in Japan die Entscheidungsfindung hinsichtlich dem Einsatz neuer innovativer Ansätze immer mit dem Aspekt von Qualität und Sicherheit dahingehend verknüpft wird, dass die Verantwortlichen in der Entwicklung und Entstehung dieser Ansätze stets anhand von praktischen Versuchen demonstrieren müssen, dass die Wahrscheinlichkeit von Problemen nach der Markteinführung so gut wie vernachlässigbar ist. Die Führungskräfte dieser Unternehmen fordern vor der Entscheidung sehr viel mehr Datensicherheit als dies sonst üblich ist und in vielen Fällen entscheidet man sich gegen die innovative Lösung. Dies mag bisweilen als konservativ und wenig innovativ erscheinen, erspart den Firmen jedoch die Schwierigkeiten, die mit der Problementdeckung nach Markteinführung einhergehen. Der sichere Betrieb der japanischen Hochgeschwindigkeitszüge ist ein gutes Beispiel für die ideale Kombination von Mut zu technischen Neuerungen und Vorsicht, wenn es um Sicherheit und Qualität geht.

Die Begegnung mit weltweiten Best-Practice-Unternehmen findet somit also auch vor bzw. zwischen den eigentlichen Unternehmensbesuchen statt und der Kontrast zu dem, was viele Teilnehmer in Deutschland erleben ist sehr anschaulich. Bei diesen Unternehmensbesuchen handelt es sich sowohl um Unternehmen der Toyota-Gruppe, d. h. natürlich Toyota Motor Corporation selbst als zentrales Unternehmen dieser Gruppe als auch außerhalb Japan weniger bekannte Firmen wie z. B. Toyota Industries Corporation sowie Zulieferer von Toyota. Darüber hinaus werden gezielt Unternehmen besucht, die von Toyota gelernt haben und ausgehend vom Toyota Management System, um den inhaltlich zutreffenden Begriff einmal zu erwähnen, eigene Unternehmenssysteme aufgebaut haben. Es gibt wie bereits erwähnt nicht an jeder Ecke Vorzeigeunternehmen in Japan, aber die, die Toyota als ihren Lehrmeister anerkennen, gehören zu diesem illustren Kreis und sind einen Besuch wert.

Viele Teilnehmer der Reisen, vor allem solche, die im eigenen Unternehmen schon Erfahrung mit Konzepten wie „schlanker Produktion“ etc. gemacht haben, gehen häufig mit der Erwartungshaltung in die Besuche, sie würden mit einer Vielzahl von Methoden und Techniken konfrontiert, die man zu Hause nur kopieren brauche, um entsprechend gute Ergebnisse zu erreichen. Die Aussage eines Teilnehmers zu Beginn der Reise, er brauche „Methoden, Methoden, Methoden“ ist den Autoren immer noch im Gedächtnis. Nach den ersten Besuchen wird allerdings schnell deutlich, dass die Methoden selbst, von denen man natürlich einige vor Ort beobachten kann, nicht der Garant des Erfolgs sind.

Vielmehr ist es die Führung und Organisation dieser Unternehmen, die Ausbildung der Mitarbeiter und die ständig praktizierte positive Fehler- und Lernkultur im Umgang mit diesen Methoden, die diese zum Leben erweckt und effektiv funktionieren lässt. Dies gilt z. B. für die sogenannte Andon-Reißleine, die jedem Mitarbeiter in jeder Station die Möglichkeit geben soll, auf Probleme in seinem Bereich aufmerksam zu machen. Die Vorgehensweise ist denkbar einfach, kein Hightech, keine Raketenwissenschaft, nur gesunder Menschenverstand konsequent angewendet.

Und zwar werden beispielsweise über den Montagelinien in der Endmontage der Fahrzeuge und in der Montage von Aggregaten (Motoren und Getriebe) über den Montagestationen Leinen aus Textil gespannt, die von einem Mitarbeiter immer dann gezogen werden, wenn er eine Abweichung vom beschriebenen Standardarbeitsablauf seiner Tätigkeit feststellt bzw. eine andere Unregelmäßigkeit, z. B. fehlende oder fehlerhafte Bauteile, beobachtet. Das einmalige Ziehen der Leine löst ein akustisches und optisches Signal aus, das Zeichen für die verantwortliche Führungskraft, der sogenannte Teamleader (auf Japanisch Hancho genannt, aber Toyota verwendet seit einigen Jahren auch in Japan nur noch den englischen Begriff) in diesem Bereich, sich so schnell wie möglich vor Ort zu begeben, um in Erfahrung zu bringen, warum er oder sie gerufen wurde.

Wenn es gelingt, die Unregelmäßigkeit innerhalb der Taktzeit des Montagebandes zu beheben, so zieht der Teamleader noch einmal an der Leine und gibt sozusagen Entwarnung, geschieht dies nicht, so kommt es zu einem automatischen Bandstillstand des betroffenen Bandsegmentes, das in der Endmontage üblicherweise ca. 100 m lang ist (das gesamte Endmontageband besteht üblicherweise aus 10 parallelen Bandsegmenten dieser Länge). Durch den Bandstillstand wird wirkungsvoll verhindert, dass Fehler und Probleme an die nachgelagerte Station, also den internen Kunden im Toyota-Verständnis, weitergegeben werden. Zunächst ist durch den Stillstand nur ein Bandsegment betroffen und da sich zwischen den Bandsegmenten Fahrzeugpuffer von 2–5 Fahrzeugen, abhängig von der Taktzeit des Bandes, befinden, wirkt sich ein Stillstand in einem Bandsegment nicht sofort auf andere Bandsegmente aus, aber bei längeren Stillstandszeiten kann es durchaus zu einem kompletten Bandstillstand kommen. Stillstehende Bereiche werden erst dann wieder freigegeben, wenn sichergestellt ist, dass das aufgetretene Problem behoben und nicht weitergegeben wird. Gleichzeitig initiiert der Teamleader Maßnahmen, um eine Wiederholung durch wirkungsvolle Ursachenanalyse und gezielte Gegenmaßnahmen zu verhindern.

Bei den Werksbesichtigungen stößt es oft auf Erstaunen, wie viele kurze Bandstillstände man innerhalb einer relativ kurzen Zeit beobachten kann. Nach jahrzehntelangen Verbesserungsmaßnahmen ist natürlich das Niveau bei den besuchten Unternehmen so hoch, dass längere Bandstillstände sehr selten sind, aber selbst ein solcher Fall konnte während eines Besuchs bei Toyota Industries Corporation, einem Unternehmen der Toyota-Gruppe und der weltweit größte Gabelstaplerhersteller, schon einmal beobachtet werden. Das gesamte Endmonateband der Gabelstapler wurde stillgelegt und es wurde per Lautsprecher bekanntgegeben, dass ein technisches Problem mit dem Bandantrieb selbst (ein aufgrund der guten Wartungstätigkeit in der Tat sehr seltener Fall) entdeckt wurde und die Produktion für die gesamte Schicht eingestellt wurde. Zur Verblüffung aller Reiseteilnehmer wurde die Belegschaft nun nicht nach Hause geschickt, sondern ebenfalls über Lautsprecher informiert, dass die restliche Zeit der Schicht, immerhin 6,5 h für die in Teams organisierten regelmäßigen Verbesserungsmaßnahmen zur Verfügung gestellt werde. Und man konnte nun in der Tat beobachten, wie sich die Mitarbeiter schnell in den Aufenthaltsbereichen ihrer jeweiligen Teams versammelten und mit einer Besprechung begannen. Natürlich werden derartige Tätigkeiten als reguläre Arbeitszeit genauso entgolten wie die Produktionstätigkeit am Band.

Man kann also sehr schön beobachten, wie von dieser Andon-Reißleinen-Vorrichtung in den Werken der guten Unternehmen sehr rege Gebrauch gemacht wird. Diese Methode funktioniert, weil sie nicht nur verfügbare Hardware darstellt, sondern weil es in den Unternehmen Software gibt, die für die gute Funktion sorgt. Und mit Software ist hier gemeint, dass die verantwortlichen Führungskräfte, die erwähnten Teamleader, tatsächlich vor Ort sind und aufgrund ihrer Ausbildung kompetent eingreifen können, wenn sie gerufen werden. Dies wird begünstigt durch sehr geringe Führungsspannen, also das Verhältnis Führungskraft zu produktiven Mitarbeitern. In den von den Teamleadern geführten Teams, also der niedrigsten Hierarchieebene beträgt diese Spanne um Durchschnitt 1:5, 1:6.

Den Unterschied zu den teilweise sehr großen Führungsspannen in anderen Unternehmen, wo es sogar Verhältnisse von 1:120 und mehr gibt, kann man sehr gut beobachten. Denn es ist so, dass sich die Teamleader als 100 % freigestellte, ausgebildete und designierte (nicht vom Team gewählte) Führungskräfte immer in unmittelbarer Nähe ihres Verantwortungsbereichs aufhalten. Sie verfügen in der Regel über einen kleinen Schreibtisch direkt neben dem Arbeitsbereich, beispielsweise dem Montageband, halten sich darüber hinaus oft stehend an einem Ort auf, vom dem aus sie ihr Team sehr gut beobachten (wichtig hier: wohlwollend beobachten, nicht kontrollierend beaufsichtigen) können. Die Reißleine wird oft nur noch deshalb betätigt, weil die Anzahl der Betätigungen statistisch festgehalten wird, die eigentliche Bitte an den Teamleader vor Ort zu kommen, erfolgt verbal durch Zuruf oder einfach nur durch Blickkontakt, da sich der Teamleader halt in unmittelbarer Nähe aufhält. Sollte er sich einmal in etwas größerer Entfernung aufhalten, so begibt er sich bei Erkennung des Signals nicht gehend, sondern sprintend zum Ort des Geschehens. Auch dies wird bei den Besuchen oft beobachtet und erntet von allen Teilnehmern ungläubige Anerkennung.

Die geringen Führungsspannen und die Nähe der Führungskräfte zum eigentlichen Ort des Geschehens vermitteln den Reiseteilnehmern folglich eindrucksvoll das Verständnis, dass der außerhalb Japans so populäre Begriff „Lean Production“, „schlanke Produktion“, in Wirklichkeit sehr irreführend ist, denn Toyota und die guten Unternehmen in Japan sind überhaupt nicht „lean“, wenn es um die organisatorische Hierarchie der Unternehmen geht. Vielmehr sind diese Firmen, wenn man so will „fat“, denn sie verfügen über mehr Führungsebenen und somit mehr per definitionem unproduktive Führungskräfte als es dem herkömmlichen betriebswirtschaftlichen Controlling lieb wäre. Womit wir nun erneut Albert Einstein zitieren können, denn allen Unternehmen, die in derartige geringe Führungsspannen und tiefe Hierarchien und die aufwendige Ausbildung dieser Führungskräfte investieren, wissen, dass man zwar den Aufwand genau quantifizieren kann, der entstehende Nutzen sich jedoch letztendlich erst in der Gesamtqualität des Systems, der Produkte, der entstehenden Kundenzufriedenheit und somit dem längerfristigen Gesamtergebnis des Unternehmens widerspiegelt. Niemand würde hier auf die Idee kommen, die Teamleader wegzurationalisieren, nur weil ein Controller vorrechnen kann, dass diese Führungskräfte Geld kosten und nicht „produktiv“, im restriktiven Sinne des Wortes, tätig sind.

An derartige Zusammenhänge muss man als Unternehmen also denken, wenn man Methoden anwenden, wenn man Hardware benutzen möchte und es gibt noch einen weiteren wichtigen Punkt, den man bei aufmerksamer Beobachtung auch während der Firmenbesichtigungen sehen kann. Es ist der positive Umgang mit Fehlern und Problemen und die damit einhergehende Wertschätzung des Mitarbeiters als des Entdeckers und Melders von Fehlern und Problemen. Der bei jedem Betätigen der Reißleine, bei jedem Zuruf der Mitarbeiter herbeieilende Teamleader bedankt sich kurz bei dem Mitarbeiter, der ihn gerufen hat. „Vielen Dank, dass Du mich gerufen hast, denn nur durch Deine Aufmerksamkeit können wir auf Fehler aufmerksam gemacht werden, um diese abzustellen und Systeme und Produkte weiter zu verbessern." So sollen sich alle Führungskräfte immer dann bei ihren Mitarbeitern bedanken, wenn sie jemand auf Fehler und Probleme aufmerksam macht. So sagte mir einmal eine Führungskraft der ursprünglich OMCD-Abteilung (Operations Management Consulting Division) genannten Stelle, die sich um die Weiterentwicklung des Toyota-Produktionssystems kümmert. Der Grund für diese Maxime liegt auf der Hand: Wenn ich meine Mitarbeiter als Problementdecker wertschätze, statt sie als Überbringer der schlechten Nachricht zu kritisieren, dann werden die Methoden zur Fehlerentdeckung zum ersten Mal effektiv genutzt und nur dann wird eine positive Fehlerkultur in einer Organisation entstehen können. Bei Toyota und einigen wenigen anderen guten Unternehmen in Japan ist dies gelungen und dies kann man während der Reisen gut beobachten.

Wenn es beim Toyota Management System nur um die Kopie und das Implementieren von Methoden und Techniken ginge, dann müsste man davon ausgehen, dass alle Unternehmen die mit der Einführung des TMS begonnen haben, nach spätestens 2 Jahren auf dem Niveau von Toyota sein sollten. Dass es nicht so einfach ist, mussten allerdings schon sehr viele Unternehmen mehr oder weniger schmerzvoll entdecken. So auch ein großes deutsches Industrieunternehmen, das glaubte, man könne eine Stabsstelle damit beauftragen, ein eigenes Produktionssystem zu „schreiben", so wie man eine Software-Code schreiben kann, und müsse dann anschließend dieses aus 192 Einzelmethoden bestehende System nur flächendeckend in der Praxis implementieren und auditieren, um mit Toyota gleichzuziehen und sie letztendlich zu überholen.

Obwohl die Implementierung der Methoden mit guten Ergebnissen auditiert wurde, musste man in diesem Fall schnell feststellen, dass vielen Mitarbeitern nicht klar war, zu welchem Zweck die Methoden eingesetzt wurden und entsprechend gering war die Akzeptanz. Noch gravierender war das fehlende Vorleben im Umgang mit den Methoden durch die Führungskräfte. Intern wurde eine Episode bekannt, wonach ein Werkleiter in einem neuen Montagewerk für ein Neuprodukt nach wenigen Tagen die Mitarbeiter mit dem Satz überraschte: „Wenn jetzt noch einer es wagt, an dieser verdammten Reißleine zu ziehen, werde ich ihn persönlich erschießen". Man kann sich gut vorstellen, dass mit dieser Aussage die Funktionalität der Andon-Reißleine, die als reine Hardware-Einrichtung mit der Bestnote auditiert worden war, mit einem Schlag auf null reduziert wurde.

Zu Beginn war die Reißleine noch, wie bei einem Start of Production zu erwarten, häufig zum Einsatz gekommen, aber bei diesem Werkleiter fehlte das Verständnis, dass man Fehler und Probleme zunächst einmal sichtbar machen muss, um die Ursache zu finden und sie wirkungsvoll abzustellen. „Veritas odium parit", die Wahrheit bringt Hass, hieß es im alten Rom, und leider ist es in der modernen Arbeitswelt oft so, dass der Überbringer der schlechten Nachricht oder die schlichte Tätigkeit des Überbringens der schlechten Nachricht als das Problem angesehen wird.

Dies ist in Japan, insbesondere bei den während der Reise besuchten Unternehmen der Toyota-Gruppe und der Unternehmen, die erfolgreich von Toyota gelernt haben, anders. Man sieht und spürt sehr schnell, dass hier keine Stabsstellen oder gar Externe unterwegs waren, die Produktions- oder Unternehmenssysteme „schreiben“, und Methoden und Techniken vor Ort nicht von allwissenden Experten eingeführt wurden. Die vorhandenen Systeme sind organisch entstanden und gewachsen, allen voran bei Toyota Motor Corporation selbst, dem Unternehmen, das als „Erfinder“ des Systems auf die meiste Erfahrung zurückblicken kann. Methoden und Techniken wurden und werden von den Mitarbeitern und ihren Führungskräften vor Ort selbst entwickelt, um bestimmte Aufgaben zu lösen oder bestimmte Probleme in den Griff zu bekommen.

Das heißt, jeder Mitarbeiter und jede Führungskraft weiß ganz genau, warum eine bestimmte Methode in seinem Bereich zum Einsatz kommt, weil sie oder er entweder an ihrem Entstehen oder an ihrer Weiterentwicklung im Rahmen von Verbesserungsmaßnahmen und Projekten in irgendeiner Form beteiligt war. Es besteht das, was im englischen Sprachraum als „Ownership“ bezeichnet wird, die Mitarbeiter und Führungskräfte sind Eigentümer ihrer Methoden und Systeme. Dies ist ein ganz anderes Niveau des Verständnisses, der Akzeptanz und der Fähigkeit, die Methoden anwenden zu können, als sie bei einer Vorgehensweise erreicht wird, bei der nur einige Wenige an der Entwicklung beteiligt sind, das Wissen monopolisiert haben und Audits sich ausschließlich auf Hardware, nicht Software, mit anderen Worten eben Verständnis und Akzeptanz beziehen.

Das Toyota-System kann mittlerweile auf eine Geschichte von gut und gerne mehr als 70 Jahren zurückblicken und es war erst im vergangenen Jahrzehnt, dass es intern zum ersten Mal explizit in einem Dokument namens „Toyota Way“ (es besteht keine Relation zu dem Buch „The Toyota Way“ des US-amerikanischen Autors Jeffrey Liker) kodifiziert wurde. Offensichtlich liegt hier der umgekehrte Weg vor, d. h. erst die Entwicklung von Methoden und Techniken zur konkreten Problemlösung vor Ort, verbunden mit der Einbindung angrenzender und unterstützender Bereiche wie z. B. Production Engineering, Produktentstehung etc., Übertragung guter Lösungen auf andere Bereiche durch regelmäßige gemeinsame Lern- und Verbesserungsaktionen vor Ort und somit der schrittweise, kontinuierliche Aufbau eines umfassenden Produktions- und letzendlich unternehmensweiten Managementsystems. Die Kodifizierung erfolgt erst, wenn es wirklich ein funktionierendes System gibt, über das zu berichten es sich lohnt, und der Grund, warum das Dokument „Toyota Way“ entstanden ist, war die rasante Expansion Toyotas in dieser Dekade und der Glaube, man müsse die vielen neuen Mitarbeiter schneller als bisher in das System einführen.

Und genau dies stellte sich im Nachhinein als der wohl größte Fehler heraus, den Toyota in seiner Unternehmensgeschichte je begangen hat, denn er führte zu den bekannten Qualitätsproblemen und großen Rückrufaktionen, mit denen sich Toyota seit einigen Jahren auseinandersetzen muss. Seit dem Ende der neunziger Jahre des vergangenen Jahrhunderts machte sich innerhalb des Unternehmens ein gewisser Wandel in der strategischen Ausrichtung deutlich, die bisherige Maxime „baue qualitativ gute, preiswerte Autos und die Kunden werden ihre Zufriedenheit weitertragen und das Unternehmen wird wachsen und gedeihen“ wurde umgewandelt in eine sehr viel stärker betriebswirtschaftlich orientierte Vorgehensweise, bei der insbesondere der Marktanteil, die Wachstumsraten, der Aktienkurs und die Gesamtzahl der verkauften Fahrzeuge im Vergleich zu den großen

Mitbewerbern weltweit in den Vordergrund rückten. Der damalige Vorstandsvorsitzende Hiroshi Okuda war der erste CEO, der nicht ein Mitglied der Toyota-Gründerfamilie war und der darüber hinaus auch kein Ingenieur sondern Marketing-Experte war.

Expansion und weltweit Nr. 1 werden, hieß nun die neue Ausrichtung und entsprechend wurde in einem Zeitraum von 10 Jahren zwischen 1995 und 2005 so gut wie alles verdoppelt, die Anzahl der Fahrzeugprogramme, die Anzahl der weltweiten Standorte, die Mitarbeiter sowie die Entwicklungsingenieure und auch die Anzahl neuer Zulieferer in den Standorten außerhalb Japans stieg entsprechend stark an. In der Führung des Unternehmens glaubte man nun, dies so bewerkstelligen zu können, dass man die Ausbildung der Mitarbeiter und Ingenieure sehr viel stärker formalisierte und theoretisierte. War es bis dato so, dass die interne Ausbildung ein sehr langfristiger Prozess war, der vor allem durch gezieltes Mentoring durch erfahrene ältere Mitarbeiter und Führungskräfte gestützt wurde, ähnlich einer traditionellen Lehre, so wurde die Ausbildung in der Expansionsphase sozusagen verschult, mit Kursen und Unterrichtsmaterial und das erwähnte „Toyota Way"-Dokument war eines von ihnen. So gelang es zwar vordergründig, die interne Ausbildung zu verkürzen, aber die Qualität von Führungskräften und Ingenieuren hat bei dieser Vorgehensweise gelitten.

Dies gilt ebenfalls für die Zusammenarbeit mit neuen Zulieferern. Ursprünglich war es so, dass sich ein Unternehmen mit Ambitionen, an Toyota liefern zu wollen, über einen langfristigen und langwierigen Prozess qualifizieren musste. Toyota verlangte von solchen Unternehmen ursprünglich die Bereitschaft, ihre Prozesse auf das Toyota-System umzustellen und bei Bedarf sogar einen kompletten Wandel der Unternehmenskultur durchzuführen. Das Unternehmen wurde dann anhand von mehreren kleineren Aufträgen über einen Zeitraum von gut und gerne einem Jahrzehnt getestet, bevor es zu einem vollwertigen Toyota-Zulieferer avancierte. Dieser Wandlungsprozess wurde nun jedoch durch intensive, und da kostenlos angeboten, sehr großzügige Beratungsleistungen durch interne Experten solange unterstützt, bis das Unternehmen fit genug war.

Aufgrund der beschriebenen weltweiten Expansion musste man jedoch auch von dieser bewährten Vorgehensweise abrücken, aus dem einfachen Grund, dass man nicht genügend interne Experten hatte, die weltweit zum Einsatz kommen konnten und man es sich auch aufgrund des rasanten Wachstums nicht mehr erlauben konnte, auf einen Zulieferer 10 Jahre und mehr zu warten. Mit anderen Worten, es wurde von der reinen „Toyota-Lehre", die dem Unternehmen so lange gut gedient hatte und die von der Gründerfamilie stets in Ehren gehalten wurde, abgegangen. Es wurden Kompromisse eingegangen, sodass im strengen Sinne noch nicht „Toyota-kompatible" Zulieferer Großaufträge erhielten, so beispielsweise in den USA, wo es zu mehreren weitreichenden Rückrufaktionen kam und Entwicklungsingenieure, die man in früheren Jahren lieber noch einige Jahre unter einem Mentor hätte lernen lassen, wurden mit Entwicklungstätigkeiten betraut, die ihnen eine altgediente Toyota Führungskraft nicht so ohne Weiteres überlassen hätte. Es kam zu einer Verwässerung der eigenen Unternehmenskultur-Toyota wurde mehr zu einem nach rein betriebswirtschaftlichen Erkenntnissen geführten Großunternehmen. Die Konsequenzen ließen dann auch in Form der erwähnten Rückrufaktionen und des einhergehenden Imageschadens nicht lange auf sich warten.

Mittlerweile hat man von dieser Episode gelernt und die neue Devise des Unternehmens lautet „Back to Basics". Dies manifestiert sich in einem stark gedrosselten Expansionskurs, dem erneuten Focus auf die ursprünglichen Stärken, nämlich die akribische Ausbildung von Mitarbeitern und Zulieferern, die wirkungsvolle, unterstützende und befähigende Führung, die gelebte Fehler- und Lernkultur und auch durch die Berufung von Akio Toyoda, dem Enkelsohn des Unternehmensgründers Kiichiro Toyoda, zum Vorstandsvorsitzenden des Unternehmens. Letztendlich findet hier etwas Banales statt: Toyota, das Paradigma einer lernenden Organisation, lernt von den eigenen Fehlern und korrigiert diese in der zu erwartenden effektiven Manier. In der Öffentlichkeit ausgetragene Entlassungen von Führungskräften, gezielte Kritik an vermeintlich verantwortlichen Personen (die man, wie wir gesehen haben, in Form von Hiroshi Okuda durchaus hätte identifizieren können) oder das Herbeiholen von Unternehmensrettern von außerhalb gab es bei diesem Lern- und Veränderungsprozess im Übrigen nicht.

So kann man nun zusammenfassen, dass die Teilnehmer der Reisen wohl vor allem mit der Erkenntnis zurückkehren, dass die Fähigkeit zum Lernen und Verbessern der wichtigste Aspekt ist, den man von Toyota und den anderen guten Unternehmen in Japan lernen kann. Dabei haben bisher alle Teilnehmer verstanden, dass der Erfolg der besuchten Unternehmen nichts mit japanischer Kultur zu tun hat, sondern die Prinzipien des Erfolgs universell anwendbar sind. Entscheidend ist nicht die Landes- sondern die Unternehmenskultur und diese steht und fällt mit dem Verhalten der Führungskräfte.

Anhang Methoden- und Begriffserklärung

§ **ABC-Analyse** Sie teilt eine Menge von Objekten in die Klassen A, B und C auf, die nach absteigender Bedeutung geordnet sind.

§ **Andon** Eine Anzeigetafel, die den aktuellen Stand der Produktion (Soll-Ist; Störungen usw.) signalisiert.

§ **Creform** Creform ist ein modulares Material-Handlingsystem für eine flexible Produktion. In Japan sind die Einzelelemente bestehend aus Metallstangen mit Kunststoffüberzug und Metallverbindungen in jedem Baumarkt verfügbar.

§ **FTS-Systeme** Fahrerlose Transportsysteme.

§ **Gemba** (Aus dem japanischen) – Werkstatt, konkreter Produktionsbereich, Ort des Geschehens – auch „genba" geschrieben, aber „gemba" ausgesprochen.

§ **Hancho** Japanischer Begriff für „Gruppenleiter". Der Hancho stellt die unterste Führungsebene in der Produktion dar und hat fünf bis zehn Mitarbeiter zu führen. Mittlerweile benutzt Toyota den englischen Begriff Teamleader auch in Japan.

§ **Heijunka** Aus dem Japanischen: ausbalancierte Produktion/nivellierte Produktion/Produktionsglättung.

§ **Hoshin Kanri** (Aus dem Japanischen) – Strategische Planung, Zielauflösungsprozess (engl.: Policy Deployment).

§ **Ishikawa-Diagramm (4M-Methode)** Ausgangspunkt für die systematische Darstellung des Problems ist ein nach rechts verlaufender Pfeil, der zum formulierten Problem führt. Von oben und unten werden, in Form einer Fischgräte (deshalb auch Fischgräten-Diagramm genannt), schräg die Hauptkategorien (= Hauptursachen) angeknüpft. Zu den Hauptkategorien zählen in der Regel die 4M – Mensch, Methode, Material und Maschine.

§ **Jidoka** Eine Säule des Toyota Production System „House"; auch Autonomation (Auto-NO-Mation) genannt, ein eher irreführender Begriff. Jidoka ist das Prinzip, in jedem

Institut für angewandte Arbeitswissenschaft e. V. (Hrsg.), *Lernen von den Weltbesten,* ifaa-Edition, DOI 10.1007/978-3-662-46096-2

Prozess auf Fehler und Probleme sofort hinzuweisen, diese Fehler niemals an den nachgelagerten Bereich weiterzugeben und bei Notwendigkeit den Prozess zu unterbrechen. Der Ursprung dieses Prinzips ist der Betrieb einer Vielzahl von Webstühlen mit automatischer Fehlererkennung unter der Aufsicht eines einzigen Mitarbeiters. Es ist die Grundlage der positiven Fehlerkultur des Unternehmens.

§ **just in time (JIT)** Produkte und Dienstleistungen werden ausschließlich dann bereitgestellt, wenn sie vom Kunden nachgefragt werden, exakt zu der vom Kunden benötigten Zeit, genau in der von Kunden nachgefragten Quantität und Qualität. In einem weiteren Verständnis geht es prinzipiell darum, jegliche Art von Verschwendung aus allen Prozessen zu eliminieren um eine exakte und sofortige Befriedigung der Kundennachfrage mit 100 % einwandfreien Produkten zu erreichen.

§ **just in sequence (JIS)** Bei der Bereitstellung nach dem JIS-Verfahren sorgt der Zulieferer nicht nur dafür, dass die benötigten Module rechtzeitig in der notwendigen Menge angeliefert werden, sondern auch, dass die Reihenfolge (sequence) der benötigten Module stimmt.

§ **Kaizen** Aus dem Japanischen: Kai = Veränderung, zen = gut bzw. zum Besseren; allerdings eher im Sinne einer Verbesserung im Mikrobereich (Gegensatz: „Kaikaku")

§ **Kanban** Japanisch für Anweisungskarte oder Signal für logistische Prozesse.

§ **KVP** Kontinuierlicher Verbesserungsprozess: Optimierung im Mikrobereich bzw. am Arbeitsplatz mit Unterstützung der Werker/ Mitarbeiter.

§ **Lean (Product) Development** Bedeutet Steigerung von Effizienz, um dem Kunden Leistungen zu bieten, die er wirklich will, mit der gewünschten Qualität. Toyota selbst verfügt jedoch über ein eigenes Entwicklungssystem, dass mit Lean Development wenig gemein hat und bei dem es vielmehr darum geht, iterative Veränderungen im Produktentstehungsprozess durch hohe Entscheidungssicherheit weitestgehend zu eliminieren, mit den entsprechenden positiven Ergebnissen für die Entwicklungszeit und -qualität.

§ **Low-Cost-Lösung** Hoch effiziente Einfachstlösung.

§ **One-Piece-Flow** Einzelstückfluss bzw. –weitergabe: Ein bearbeitetes Teil wird sofort zur Weiterbearbeitung in die nächste Prozessstufe gegeben. One-Piece-Flow ermöglicht minimale Durchlaufzeiten bei maximaler Flexibilität, erfordert aber zwingend schnelle Rüstzeiten und flussorientiertes Layout.

§ **O & S** Ordnung und Sauberkeit.

§ **Pick-by-Light** Bei Pick-by-Light-Systemen befindet sich an jedem Lagerfach eine Signallampe mit einem ziffern- oder auch alphanumerischen Display, sowie mindestens einer Quittierungstaste und evtl. Eingabe- bzw. Korrekturtasten

§ **Poka Yoke** Poka: zufälliger, unbeabsichtigter Fehler; Yoke: Vermeidung; Verhinderung von Fehlern = Poka-Yoke: Vermeidung eines Fehlers während der Herstellung oder Bestellung.

§ **Policy Deployment** siehe Hoshin Kanri.

§ **Pull-System** Ziehendes Produktionssystem: Material wird nur infolge eines Bestellsignals (z. B. Kanban) bereitgestellt. Zeitpunkt und Menge des bestellten Materials richten sich nach dem Bestellsignal des nachfolgenden Prozesses (Kunde). Gegenteil ist das Push-Prinzip, welches schnell zu Überbeständen führt.

§ **Q-Alarme/Q-Stopps** Sollten Fehler oder Unregelmäßigkeiten in der Produktion auftreten, werden durch die Mitarbeiter Qualitätsstopps eingeleitet.

§ **Roadmap** Projektplan oder Strategie.

§ **Shopfloor** Werkstatt.

§ **sokratischer Fragestil** Den MA über Fragetechniken (Warum?, Wieso?, Weshalb?) zu den Ursachen des Problems hinführen.

§ **Supermarkt** Ein Supermarkt ist ein Instrument des Pull-Systems und dient als kontrollierter Puffer in der Nähe des Verbrauchsorts bzw. der Linie. Supermärkte werden zur Produktionskontrolle benutzt, wenn kein kontinuierlicher Fluss möglich ist.

§ **TPM** Total Productive Maintenance (TPM) ist eine Methode, die auf die Maximierung der Effektivität von Anlagen und Maschinen abzielt.

§ **TQM** Total-Quality-Management.

§ **Value Stream Maps** Wertstromanalyse zur Bestimmung der Einsparpotenziale und Maßnahmen. In den beschriebenen japanischen Unternehmen handelt es sich nicht um ein Konzept, wie es in der westlichen Literatur oft dargestellt wird, sondern um ein einfaches Tool, welches bei der täglichen Verbesserungstätigkeit eingesetzt wird.

§ **Zahnarztprinzip** Jede qualitativ hochwertige Tätigkeit hat zur Unterstützung mehrere einfachere Unterstützungstätigkeiten, so wie die Assistentin beim Zahnarzt z. B. einfache Reinigungstätigkeiten übernimmt, während der Arzt für die anspruchsvollen Behandlungschritte zuständig ist.

Printed in the United States
By Bookmasters